我的饮食
科普书

方瑛 编著

U0353264

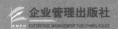

企业管理出版社
ENTERPRISE MANAGEMENT PUBLISHING HOUSE

图书在版编目（CIP）数据

我的饮食科普书 / 方瑛编著. -- 北京：企业管理
出版社, 2014.7
ISBN 978-7-5164-0889-6

Ⅰ.①我… Ⅱ.①方… Ⅲ.①饮食—文化—中国—青少年读物
Ⅳ.①TS971-49

中国版本图书馆CIP数据核字(2014)第133491号

书名：我的饮食科普书

作者：方瑛

责任编辑：宋可力

书号：ISBN 978-7-5164-0889-6

出版发行：企业管理出版社

地址：北京市海淀区紫竹院南路17号　邮编：100048

网址：http://www.emph.cn

电话：编辑部（010）68701408　发行部（010）68701638

电子信箱：80147@sina.com　zbs@emph.cn

印刷：北京博艺印刷包装有限公司

经销：新华书店

规格：710mm×1000mm　1/16　5.5 印张　90千字

版次：2014年7月第1版　2014年7月第1次印刷

定价：29.90元

目 录

1. 粮食的精华——酒的来历

酒

爸爸妈妈，酒是怎么来的呢？为什么会有人喜欢喝那种辣辣的东西呢？总看到书上说酒有多么久的历史，是真的吗？

食物如是说

中国可以说是一个酒之大国、酿酒古国，自古就产美酒佳酿，而且销量非常之大。提起酒，人们自然就会想到煮酒论英雄的曹操，温酒斩华雄的关羽，景阳冈打虎的武松，杯酒释兵权的宋太祖朱元璋；还会想起"葡萄美酒夜光杯，欲饮琵琶马上催"、"劝君更尽一杯酒，西出阳关无故人"等名诗佳句。酒从古至今都是文人的一部分，这些文人学士不仅爱饮酒，而且还为酒起了许多的雅名，如"杜康"、"琼苏"等。可以毫不夸

曹操

张地说，酒从一出生的那天起，就扛起了"浸润中华文明发展"的重任。我们不难从中国酒文化的发展中看到中华文化的博大精深。

盘中的历史

杜康

关于中国的酿酒历史有三种传说。其一是"古猿造酒"。据说人类的祖先猿猴在"石洼"中储藏了大量的水果，由于这些水果受到自然界中酵母菌的发酵，于是，便在石洼中"酿"出了史上的"第一杯酒"。其二，相传夏禹时期的仪狄发明了酿酒术。《战国策》中曾有这样的记载：禹帝的女儿让仪狄制作美酒，并献给自己的父皇禹帝。禹帝喝后就睡着了，等醒来之后，对仪狄说："将来一定有因为酒而亡其国的国君。"说罢，便下令不得再生产酒。这就是"仪狄造酒"的故事。其三，相传夏朝的第六代国君杜康

（也叫少康）发明了酿酒术，也就是"杜康造酒"，这也是民间最流行的说法。然而，无论是哪种说法，都可以证明我国的酿酒文化已经延续4000年了，并且当今的许多国家的考古队员也都证明了这一点。

中国约在龙山文化时期就已经出现了自然发酵的果酒。到了商代，人们已经掌握并利用谷物的糖化再酒化的原理，那时的柜鬯（chàng，是一种古代祭祀时用的酒）就是当时酒中的极品，它是用当时的黑黍（shǔ）加香草鬯酿成，通常这种"国窖"为王室所特有。而一般普通百姓所用的酒叫做"醴"。

张骞

先秦时期，我国发现了一种通过谷物或其副产品所培养出来的"曲"，它是一种可直接用来发酵的微生物，使我国成为世界上最早使用曲酿酒的国家。汉代更是发展先秦时的制曲技术，曲的种类增加了，自然酒的品种也增加了。东汉时，张骞从西域引进了葡萄酒的生产。不久的魏晋时期，伴随着饮酒的风靡，出现一种所谓的魏晋风度，也就是当时出现了文人喝酒成风的状态。

李白

唐宋时期，造酒业进一步发展，除了酿造普通的粮食酒外，还开始研究酿造果酒和药酒，并且，唐宋两代的文人也都是"文中仙，酒中圣"。李白、杜甫、苏东坡、白居易、杜牧等都是中华酒文化中的佼佼者。自元代开始，蒸馏法标志着中国白酒开始诞生。而明清时期，伴随着酒业文化的进一步发展，较高度数的"牛二"也渐渐地被人们所接受。自此之后，中国"牛二"深入生活，成为家中必需品。

食物的故事

总而言之，中国的酿酒业在经过几千年的发展过程当中也在不断地丰富和发展，酒的种类也在不断地发展和丰富。从白酒、黄酒、米酒、药酒到从国外传来的葡萄酒、啤酒等都是应有尽有，其中的名品也是数不胜数。如白酒中的五粮液、茅台、剑南春、泸州老窖特曲、郎酒、汾酒、西凤酒、古井贡、汾酒、杜康等；黄酒中的绍兴加饭酒、福建龙

五粮液

岩沉缸酒；葡萄酒中有张裕葡萄酒、长城葡萄酒；啤酒中有燕京啤酒、青岛啤酒等。

女儿红

酒可以说在这个社会中已经渗入到各个领域，可以说是无所不在。在日常生活中我们经常说的孩子"满月酒"、朋友"接风酒"、"饯行酒"、"庆功酒"等，都是我们众所周知的事情。同时，中国文化与酒文化的一些相关显现也越来越丰富。譬如绍兴的"女儿红"，也称为"花雕"，就是当民间有女孩降生后，家里就会酿造一坛好酒，并用带有花纹的酒坛盛好，用红纸封严，窖藏到这女孩长大出嫁的时候用。

酒除了作为一种成人饮品外，它还可以调节人们的人际关系。从古到今，中国人无论是久别重逢，还是应邀赴会，都会在酒中加入太多的情感，喝个痛快。在饮酒时，中国人还非常追求意境，所谓喝酒的最佳状态就是似醉非醉，似醒非醒，在这个阶段，人处于最快乐、最兴奋的境界中，这时的人们不仅话多，而且兴致大发，妙语连珠。也正是饮酒进入了社会生活，所以，酒才有了社会精蕴，最终也就形成了颇具民族特色的中国酒文化。

2. 欲问酒家何处有——杏花村

妈妈，为什么有人说"借问酒家何处有，牧童遥指杏花村"？

爸爸，杏花村所盛产的酒很有名吧，它的特点是什么呢？和其他的酒有什么明显的区别吗？

杏花村

杏花村汾酒也称"老白汾酒"，因产于山西省汾阳市杏花村，故而得名。杏花村汾酒饮后回味悠长，酒力强劲而无刺激性，使人心悦神怡。汾酒享誉千

3

杏花村酒

载而盛名不衰，与造酒的水纯、工艺巧是分不开的。名酒产地，必有佳泉。杏花村有取之不竭的优质泉水，给汾酒以无穷的活力。跑马神泉和古井泉水都流传有美丽的民间传说，被人们称为"神泉"。

盘中的历史

《汾酒曲》中记载，"申明亭畔新淘井，水重依稀亚蟹黄"，注解说"申明亭井水绝佳，以之酿酒，斤两独重"。明末爱国诗人、书法家和医学家傅山先生，曾为申明亭古井亲笔题写了"得造花香"四个大字，说明杏花井泉得天独厚，酿出的美酒如同花香沁人心脾。

酿造汾酒是选用晋中平原的"一把抓高粱"为原料，用大麦、豌豆制成的糖化发酵剂，采用"清蒸二次清"的独特酿造工艺。所酿成的酒，酒液莹澈透明，清香馥郁，入口香绵、甜润、醇厚、爽冽。酿酒师傅的悟性在酿造过程中起着至关重要的作用，像制曲、发酵、蒸馏等都是经验性极强的技能。千百年来，这种技能以口传心领、师徒相延的方式代代传承，并不断得到创新、发展，在当今汾酒酿造的流程中，它仍起着不可替代的关键作用。

高粱

1932年，全国著名的微生物和发酵专家方心芳先生把汾酒酿造的工艺归结为"七大秘诀"，即"人必得其精，水必得其甘，曲必得其时，高粱必得其实，陶具必得其洁，缸必得其湿，火必得其缓"的"清蒸二次清"工艺。

汾酒是清香型白酒的典范，堪称中国白酒的始祖。中国许多名酒如茅台、泸州大曲、西凤、双沟大曲等都曾借鉴过汾酒的酿造技术。

食物的故事

山西省杏花村汾酒以清澈干净、清香纯正、绵甜味长即色香味三绝著称于世，风格清香而独树一帜，成为清香型白酒的典型代表，自1953年以来，连续被评为全国"八大名酒"和"十八大名酒"之列。

汾酒的名字究竟起源于何时，尚待进一步考证，但早在1400多年前，此地已有"汾清"这个酒名。当然，1400多年前我国尚没有蒸馏酒，史料所载的"汾清"、"干酿"等均系黄酒类,我国的白酒,包括汾酒等名优白酒在内,都是由黄酒演变和发展起来的。

汾酒

宋代以后,由于炼丹技术的进步,在我国首次发明了蒸馏设备。1975年从河北省青龙县出土的金代蒸酒的钢制烧锅,可证明至少在宋代我国已有蒸馏酒。"唐时汾州产干酿酒",《酒名记》有"宋代汾州甘露堂最有名",说的都是汾酒。汾酒是古老的名酒之一,为唐以后历代文人墨客所称道。

明清以后,北方的白酒发展很快,逐步代替了黄酒生产,此时杏花村汾酒即已是蒸馏酒,并蜚声于世。自1916年汾酒在巴拿马万国博览会上荣获一等优胜金质奖后,其声誉更是宇内交驰,名声大噪。

知识延伸

杨德龄

其实早在100多年前,"义泉泳"的创业者杨德龄就定下了酒规:"信誉至上,优质为本,决不以劣货欺世盗名。"

汾酒酿造时,人要清神,气要清新,水要清净,原料要清选,酒醅要清蒸,用具要清洁;水纯工艺巧,清蒸二次清,一清到底,这就是汾酒制作的奥秘。

3. 黔北的"国宴贡酒"——茅台

你们知道吗

妈妈,为什么茅台会被称之为国酒呢?

爸爸,茅台有什么特点呢?为什么会有那么多人喜欢喝茅台酒呢?

食物如是说

茅台酒是风格最完美的酱香型大曲酒之典型,故"酱香型"又称"茅香型"。其酒质晶亮透明,微有黄色,酱香突出,令人陶醉,敞杯不饮,香气扑鼻,开怀畅饮,满口生香,饮后空杯,留香更大,持久不散。口味幽雅细腻,酒体丰满醇厚,回味悠长,茅香不绝。茅台酒液纯净透明、醇馥幽郁的特点,是由酱香、窖底香、醇甜三大特殊风味融合而成，现已知香气组成成分多达300余种。

小麦

茅台酒是世界三大著名蒸馏酒之一，誉称国酒，在国内外享有盛名。茅台酒产于中国贵州茅台镇，以本地优质糯高粱、小麦、水为原料，利用得天独厚的自然环境，采用科学独特的传统工艺精心酿制而成，未添加任何香气、香味物质，从生产、贮存到出厂历经5年以上。

盘中的历史

汉武帝

茅台酒被尊称为"国酒"。它具有色清透明、醇香馥郁、入口柔绵、清冽甘爽、回香持久的特点，人们把茅台酒独有的香味称为"茅香"，是中国酱香型风格最完美的典型。

据传远古大禹时代，赤水河的土著居民——濮人，已善酿酒。汉代，今茅台镇一带有了"枸酱酒"。《遵义府志》载：枸酱，酒之始也。司马迁在《史记》中记载，公元前135年，唐蒙出使南越，曾专程绕道取此酒归长安献与武帝饮而"甘美之"，这成为茅台酒走出深山的开始。唐宋以后，茅台酒更逐渐成为历代王朝贡酒，通过南丝绸之路传播到海外。到了清代，茅台镇酒业兴旺，"茅台春"、"茅台烧春"、"同沙茅台"等名酒声名鹊起。据清代《旧遵义府志》所载，道光年间，"茅台烧房不下二十家，所费山粮不下二万石。"1843年，清代诗人郑珍咏赞茅台"酒冠黔人国"。1949年前，茅台酒生产凋敝，仅有三家酒坊，即华姓出资开办的"成义酒坊"，称之"华茅"；王姓出资建立的"荣和酒房"，称之"王茅"；赖姓出资办的"恒兴酒坊"，称"赖茅"。"华茅"就是现在的茅台酒的前身。1951年，政府通过赎买、没收、接管的方式将成义、荣和、恒兴三家私营酿酒作坊合并，实施三茅合一政策——国营茅台酒厂成立。

司马迁

6

食物的故事

茅台酒之所以被誉为"国酒"，是由其悠久的酿造历史、独特的酿造工艺、上乘的内在质量、深厚的酿造文化，以及历史上在中国政治、外交、经济生活中发挥的无可比拟的作用、在中国酒业中的传统特殊地位等综合因素决定的，是长期市场风雨考验、培育的结果。亦得到人民群众在实际的生活品味和体验中的赞誉之声，因而当之无愧。

建国以来，在无数次重大活动中，茅台酒都被当作国礼赠送给外国领导人。自古而今，向往茅台、赞美茅台的文人墨客不计其数。毫不夸张地说，茅台酒的每一个细小的"侧面"都有着丰富的人文历史故事，有着深厚的文化积淀与人文价值。犹如中国发给世界的一张飘香的名片，具象的茅台酒和抽象的"人文"，在以醉人的芳香让世界了解自己的同时，也将中华酒文化的魅力和韵味淋漓尽致地展示给了世界，让其了解了中国、中国文化。

茅台酒以优质高粱为原料，用小麦制成高温曲，而用曲量多于原料。用曲多，发酵期长，多次发酵，多次取酒等独特工艺，这是茅台酒风格独特、品质优异的重要原因。酿制茅台酒要经过两次下料、九次蒸煮、八次摊晾加曲（发酵七次）、七次取酒，生产周期长达八九个月，再陈贮三年以上，勾兑调配，然后再贮存一年，使酒质更加和谐醇香，绵软柔和，方准装瓶出厂，全部生产过程近五年之久。

陈毅有诗："金陵重逢饮茅台，万里长征洗脚来。深谢诗章传韵事，雪压江南饮一杯。"

知识延伸

茅台酒独得天地灵气无穷之厚，系依托特异的地域生态环境，由酿酒大师撷取"赤水河"之甘露，以著名历史文化遗存之古黄泥老窖、特选的优质原辅料，采用代代相传神妙独特的工艺，结合高科技，经以陶坛窖藏7年老熟而成。该品源自水谷清华，香气幽雅，醇厚谐调，绵甜爽净，回味悠长，风格典雅独特，酒体丰满完美，自古奇香独秀，风华绝世，不可易地仿制，诚为天工开物，琼浆玉液，国色天香。

国宴茅台

4. 佐蟹佳品——绍兴花雕

花雕酒

你们知道吗

妈妈，电视里经常说到的女儿红，那是一种什么酒呢？

爸爸，花雕酒为什么可以用来做很多好吃的菜肴，并且作为药物的引子呢？

食物如是说

花雕酒起源于6000年前的山东大汶口文化时期，代表了源远流长的中国酒文化。在各地的花雕酒当中，字号最老的当属浙江绍兴的花雕酒。绍兴酒种颇丰，有元红酒、加饭酒、善酿酒、香雪酒、花雕酒等，而花雕又是当中最富特色的。

花雕酒，又称"状元红"、"女儿红"。花雕酒从古时"女儿酒"演变而来。早在宋代，绍兴家家会酿酒。每当一户人家生了女孩，满月那天就选酒数坛，请人刻字彩绘以兆吉祥，通常会雕上各种花卉图案、人物鸟兽、山水亭树等，然后泥封窖藏。待女儿长大出阁时，取出窖藏陈酒，请画匠在坛身上用油彩画出"百戏"，如"八仙过海"、"龙凤呈祥"、"嫦娥奔月"等，并配以吉祥如意，花好月圆的"彩头"，同时以酒款待贺客。

八仙过海酒瓶

盘中的历史

花雕酒含有丰富氨基酸。花雕酒的主要成分除乙醇和水外，还含有18种氨基酸，其中有8种是人体自身不能合成而又必需的。这8种氨基酸在花雕酒中的含量比同量啤酒、葡萄酒多一至数倍。

花雕酒比其他酒都适合消化。花雕酒含有许多易被人体消化的营养物质，如糊精、葡萄糖、脂类、甘油、高级醇、维生素及有机酸等。这些成分经贮存，最终使黄酒成为营养价值极高的低酒精度饮品。

花雕酒对筋骨有很好的帮助和保养。花雕酒气味苦、甘、辛。冬天温饮黄酒，可活血祛寒、通经活络，有效抵御寒冷刺激，预防感冒。适量常饮有助于血液循环，促进新陈代谢，并可补血养颜。

食物的故事

花雕酒

花雕酒是B族维生素的良好来源，维生素B1、维生素B2、尼克酸、维生素E都很丰富，长期饮用有利于美容、抗衰老。

锌是能量代谢及蛋白质合成的重要成分，缺锌时，食欲、味觉都会减退，性功能也下降。而花雕酒中锌含量不少，所以，饮用花雕酒有促进食欲的作用。

花雕酒内含多种微量元素，如每100毫升含镁量为20～30毫克，比白葡萄酒高10倍，比红葡萄酒高5倍。绍兴元红黄酒及加饭酒中每100毫升含硒量为1～1.2微克，比白葡萄酒高约20倍，比红葡萄酒高约12倍。在心血管疾病中，这些微量元素均有防止血压升高和血栓形成的作用。因此，适量饮用黄酒，对心脏有保护作用。

相比于白酒、啤酒，黄酒酒精度适中，是较为理想的药引子。而白酒虽对中药溶解效果较好，但饮用时刺激较大，不善饮酒者易出现腹泻、瘙痒等现象。啤酒则酒精度太低，不利于中药有效成分的溶出。此外，黄酒还是中药膏、丹、丸、散的重要辅助原料。中药处方中常用黄酒浸泡、烧煮、蒸炙中草药或调制药丸及各种药酒，据统计有70多种药酒需用黄酒作酒基配制。

知识延伸

花雕酒是中国黄酒中的奇葩，选用上好糯米、优质麦曲，辅以江浙明净澄澈的湖水，用古法酿制，再贮以时日，产生出独特的风味和丰富的营养。据科学鉴定，花雕酒含有对人体有益的多种氨基酸、糖类和维生素等营养成分，被称为"高级液体蛋糕"。其营养价值超过了有"液体面包"之称的啤酒和营养丰富的葡萄酒。根据贮存时间不同，花雕酒有三年陈、五年陈、八年陈、十年陈，甚至几十年陈等，以陈为贵。总的来说，花雕酒酒性柔和，酒色橙黄清亮，酒香馥郁芬芳，酒味甘香醇厚。

正是因为其温和的特性，花雕酒也深受广东人的喜爱。花雕酒可直接饮用，也可温烫至38或40度时饮用。加温后的花雕酒酒精度降低，因此，变得更加香醇厚实，容易入口。除了佐菜饮用以外，不少名菜都以花雕酒为材料制作而成，例如花雕鸡、花雕烩蟹肉等。值得一提的是，吃蟹最好饮花雕酒，蟹性凉，花雕酒暖胃，这是最佳的搭配。

花雕鸡

5. 中国古代十大贡酒

你们知道吗

妈妈，古装电视剧和古典小说里，总是有这样或者那样的美酒，这些酒现在还有吗？为什么有些酒被拿来当做贡品呢？

爸爸，古代皇帝喝的酒和我们现在喝的酒一样吗？不同的酒的味道区别大吗？

食物如是说

古代酒文化

在茫茫天地之间，酒乃是一尤物也。虽然也是进入了人们的腹肚，却不能充饥，也不能解渴，是直接作用于人们的心神。中国古代的酒文化中，还有关于我国贡酒的一些记录。让我们一起来数一数在中国古代贡酒中前十名的都有哪些知名品牌吧。

盘中的历史

1996年的一次搬迁，辽宁锦州的凌川酿酒总厂的地下80厘米处竟然发现了四个木制的酒海（古代存酒的容器），并且在酒海内竟然还完好无损地保存着香气宜人的白酒。这些酒海以红桦木构筑而成，长2.26米，宽1.31米，总深1.64米，箱内涂有1500层的墙纸，最里层是用蘸有鹿血的宣纸铺成。这些宣纸上用汉字涝文写着"大清道光乙已年"、"同盛金"、"大清国"等字样。通过这些遗迹和文物，考古专家确认这里就是清朝"同盛金"酒坊在清道光年二十五年封存的，这些酒还真应了那句"越陈的酒，越好喝"。

这"酒海"中所存的正是清朝时的"烧酒"，"烧酒"本身就是属于陈香型，所以，在用鹿血蘸宣纸封存，存放150多年的"酒海"中，还会发出香陈可口的"烧酒"余香。

辽宁省考古研究所和白酒专业协会经过反复证实后认为，这批清朝贡酒是世界上已知保存时间最长的白酒，它和"酒海"的发现，对中国酒文化的研究有着极其重要的价值。

据东晋葛洪的《西京杂记》中记载，汉高祖刘邦时，宫中每年重阳节时每人都会佩戴茱萸，吃莲饵，喝菊花酒。说是可以让人们长寿。这也就是重阳节饮菊花酒的来历。

葛洪

由于菊花酒具有疏风除热、养肝明目、消炎解暑等功效，有较高的药用价值，所以，菊花酒至今仍受到广大民众的喜爱。

要说中国最古老的贡酒，那么就得算是五加皮酒了。五加皮酒是由多种中药配制而成，关于它还有一段美好的传说。

薄荷

传说东海龙王的五公主佳婢一次下到凡间，与凡间的致中和相爱。因为生活艰苦，佳婢就提议要酿造一种既可以强身又能治病的酒，这可让贫困潦倒的致中和感到非常为难。佳婢就让致中和按照自己的方法酿造，并且按照一定的比例放取中药。

每当致中和按照佳婢的比例放药的时候，佳婢总唱道："一味当归补心血，去瘀化湿用姜黄。甘松醒脾能除恶，散滞和胃广木香。薄荷性凉清头目，木瓜舒络精神爽。独活山楂镇湿邪，风寒顽痹屈能张。五加树皮有奇香，滋补肝肾筋骨壮，调和诸药添甘草，桂枝玉竹不能忘。凑足地支十二数，增增减减皆妙方。"

原来这首歌中所唱的12种中药便是五加皮酒的制作配方，佳婢为了避嫌，便将酒取名为"致中和五加皮酒"。

早在1500年前的南北朝时期，杏花村汾酒就已经成为宫廷贡酒。唐代大诗人杜牧所写《清明》中"借问酒家何处有，牧童遥指杏花村"的千古绝唱，更使得杏花村和所产的汾酒闻名天下，妇孺皆知。中国的各大书籍中也常有记录杏花村汾酒的文章，如《唐国史补》、北宋窦革的《酒谱》、元朝宋伯仁的《酒小史》、明代王世贞的《酒品》、清代袁枚的《随园食单》等。

杜牧

食物的故事

羊羔美酒

羊羔美酒以配方独特、用料考究著称，其选用嫩羊肉、优质黍米、鲜水果，以及一些名贵的中药酿造而成，酒的颜色呈琥珀色，结合奶香、果香、药香于一体，酸甜适中，具有滋阴润肺、增补元气、壮腰益肾等功效。

三国时期诸葛亮就曾用羊羔酒犒赏三军。在《空城计》中，当司马懿兵临城下，诸葛亮独在城楼上弹琴唱道："大开城门将您迎，我用羊羔美酒犒赏你的三军。"

到了唐代，羊羔美酒是作为朝贡的贡品进入宫廷，供皇帝享用，唐玄宗李隆基曾在杨贵妃过20岁生日时，从所有的贡酒中特意挑选"羊羔美酒"，以示祝贺，贵妃醉酒后，翩翩起舞，跳起了那段流传千古的"霓裳羽衣舞"，玄宗命乐工击鼓伴奏。

鸿茅酒产于内蒙古凉城县的鸿茅古镇。始创于康熙三十二年（公元1693年），至今已有300多年的历史。

内蒙古独特的地域风貌和气候环境，以及所特有的原料宝藏和上乘水质，通过一种独特的酿造工艺，造就了鸿茅酒的那种绵爽清冽和香醇宜人。

乾隆四年，山西著名的中医王吉天行医至鸿茅古镇，品尝到这种上等的好酒，便毅然决然地收购了鸿茅酒业（当时叫鸿茅白酒或称鸿茅酒），并将自家历代秘传的中药秘方给鸿茅酒浸提，于是便有了功效卓著的鸿茅药酒。

自此，王吉天便暂停了这种酒的销售，专门作为鸿茅药酒的基酒使用，因此，使得这种酒更加神秘，外界很难见到。道光年间，鸿茅酒与鸿茅药酒一并被选为宫廷贡酒。

李隆基

王吉天

湖之酒，古称酃酒，又名醽醁酒。早在北魏时酃酒就已经被选为宫廷当中的贡酒，并且还被历代帝王选作祭祀祖先时的祭酒。湖之酒最初就是在酃湖附近的一家农民自制的"家作酒"，后来逐步进入到竞争激烈的全国市场。《中国实业杂志》上海版曾载：清末民初，衡阳城内有酿酒作坊179家，每年产酒达32600担。可见，当时衡阳的酒家已经是名满天下了。如今，衡阳每到过年过节，都会用湖之酒接待客人。湖之酒的用途非常广泛，除用来当作饮料外，它还可以当作烹饪的佐料，除腐去腥。

知识延伸

枣集镇是我国道教祖师爷老子的诞生地，更是我国著名的传统酒乡。它的酿酒历史可追溯至春秋时期，公元前518年，对于我国影响最大的思想家、教育家孔子，前去拜见道教祖师老子，老子用一壶枣集酿造的美酒来招待孔子，孔子饮后，流下了那句"惟酒无量不及乱"的千古名言。到了宋代的真宗时期，赵恒还钦定枣集为"宫廷贡酒"，并且还有"枣集美酒，名不虚传"等美句流传于世。

孔子

醽醁酒

"京城养生老字号历史悠久第一家"的北京鹤年堂始创于明朝永乐三年。它早在明、清时期，就凭借着专为皇宫配制御用养生酒、养生茶等而扬名海内外。其颜色瑰丽、口感醇香，具有丰富的营养，可谓是中老年养生保健的必备佳品。

刘协

东汉建安元年，正在许昌忙碌屯田事宜的曹操将家乡的"九酝春酒"，也就是今天我们所知道的古井贡酒，以及其酿造方法献给汉献帝刘协。自此，古井贡酒就成为了历代贡品。

6. 香料与美酒的华尔兹：中国香酒

药酒

你们知道吗

妈妈，把香料加在酒里，会有什么神奇的结果呢？

爸爸，药酒属于香酒的一种吗？为什么把花和香料加在酒里，会有美好的味道飘散而出呢？

食物如是说

香酒是我国古代人发明的，因其独特的口感，具有治病养生的功能，赢得了广大人民的喜爱。在古代，香酒是人们祭祀祖先的贡酒，亲朋好友所赠的礼酒。中国古代的香酒制作方法无非就两大类型，一种是把香料放入酒中浸泡，而另一种则是把香料与酒放到一起，让香料把酒熏香。

香酒

盘中的历史

郁金香

中国香酒的历史可以追溯到夏商时期。从史料记载与出土的文物上看，早在4000年前的夏朝我国就已经掌握了酿酒技术。当时的人们在掌握酿酒技术之后，就开始用芳香植物制作各种香酒，并且发现，这种香酒不仅气味芳香，而且对人的身体还非常有益。

随着农耕技术的不断提高，我国的剩余粮食大大

14

增加，酿酒业也就随之发展起来。我国有关于香酒制作最早的《商书说命》中就提到过"用麦芽所酿成的甜酒叫醴，用秬黑黍和郁金香草酿成的香酒叫鬯"。"鬯"是由郁金香与黑黍酿造而成的一种色黄而香的酒，这种酒是商周时期，皇帝用于祭祀和赏赐的极品。后来人们就一直将郁金香称之为"鬯草"，而把酿酒的人称为"鬯人"。从这也可以看出商周时期的酿酒业已较为发达，并且人们已经学会如何制作香酒。

随着人们对这种香草、香花等认识的逐步增加，人工培育香花、香草也就逐渐地增多，除郁金香以外，如桂花、菊花、白芷等香花、香草也都逐渐地被古人用到调制香酒的过程中。通过《楚辞·九歌》中的"蕙肴蒸兮兰籍，奠桂酒兮椒浆"，我们可以知道，早在战国时期，人们就已经用郁金花、桂花和花椒来酿造香酒了，并且当时已经掌握了酿造桂花酒的技术。在《汉书》中更有"牲茧粢盛香，尊桂酒宾八乡"等名句，在当时，桂花酒已经成为祭祀祖先和款待宾客的美酒。到了汉代更是有腊日饮"花椒酒"，重阳饮"菊花酒"的习俗。

随着社会的发展，人们对那些于人体有益的香料的认识逐渐增加，并且开始与养生结合起来，那些对人体有益的香料逐渐地都被利用到酒的酿造过程中。北魏时期贾思勰所著的《齐民要术》中的"作粱米酒法、作灵酒法、作和酒法"都添加了对人体有益的香料，如姜辛、桂辣等。

自魏晋南北朝之后，随着"曲"的发现与利用，酿酒技术又有了进一步的提高。古人为了增加酒的口感，便尝试着往酒曲中添加桑叶、苍耳、艾、茱萸等香料，制作出酿酒用的"香曲"，这不仅加快了酿酒速度，还使得酿造出来的香酒有一种特殊的口感和风味。

在"香曲"的制作过程中，嵇含所编撰的《南方草木状》是我国第一部记录"草曲"的有关文献，其中讲道："杵米粉杂以众草叶，冶葛汁，溲溲之，大如卵，置蓬蒿中荫蔽之，经月而成，用以合糯为酒……"这种"草曲"的制作方法其实就是"香曲"的雏形，是一种在南方特有的制曲方法。

《南方草木状》

宋代之后，一些可以制作为香酒的原材料（如豆蔻、阿魏、乳香等）大量传入中国，进而茉莉酒、豆蔻酒、木香酒等纷纷出现，并且开始走上普通百姓的餐桌。

这个时候，制作香酒的方法不再如同南北朝时仅仅是单一浸泡，当时的人们又发明了将香料与酒存到一起熏香的技术。在明代冯梦祯的《快雪堂漫录》中记载"茉莉酒"的制作方法，就是将香料与酒存到一起熏香的方法。从此可以看出，这个时候的酿酒已经较为考究了。

与此同时，人们更加关注香酒养生祛病的功效，如当时人们酿造的"苏合香酒"。据说，"苏合香酒"有和气血、辟外邪、调五脏等功效。所以，当时"苏合香酒"可谓是"天生丽质"，在宫廷和民间都十分流行。

知识延伸

关于香酒的记载明代达到顶峰，尤其以明代酒类专刊或饮食起居类专刊上记载的最为详尽。明代有两部典型的记载起居生活文献——宋诩的《竹屿山房杂部》和高濂的《遵生八笺》。宋诩的《竹屿山房杂部》中关于"酒制"的记载中提到，有15种香酒是采用单一香料制成的，如菖蒲酒、希莶酒等，而在这本书最后还记录了一些包括长春酒和杏仁烧酒等在内的，采用多种香料制成的香酒。这些风味独特的香酒制作方法，为现代制酒业的发展提供了借鉴。

《遵生八笺》

7. 种类繁多的茶叶

你们知道吗

妈妈，茶叶有很多种，你都知道吗？你知道茶叶是怎么分类的吗？

爸爸，你知道茶叶是产自哪里的吗？你知道不同季节采到的茶叶有什么明显的区别吗？

采茶

食物如是说

我国是茶树的原产地，茶树最早出现于我国西南部的云贵高原、西双版纳地区。但有部分学者认为茶树的原产地在印度，理由是印度有野生茶树，而中国没有。但他们不知中国在公元前200年左右的《尔雅》中就提到有野生大茶树，而且还有"茶树王"。

茶叶作为一种饮料，从唐朝开始，流传到我国西北各个少数民族地区，成为当地人民生活的必需品，"一日无茶则滞，三日无茶则病"。中国是茶树的原产地。然而，中国在茶业上对人类的贡献，主要在于最早发现了茶这种植物，最先利用了茶这种植物，并把它发展形成为我国和东方乃至整个世界的一种灿烂独特的茶文化。

盘中的历史

以色泽制作工艺分类，我国的茶分为六种，分别是绿茶、黄茶、白茶、青茶、红茶和黑茶。

绿茶是指完全不发酵的茶叶。其中最有特点的有龙井茶、碧螺春、蒙洱茶和信阳毛尖等。

绿茶是我国产量最多的一种茶叶，它的花色品种也是世界上最多的。绿茶具有香高、味醇、形美、耐冲泡等特点。

绿茶

绿茶的制作工艺是杀青——揉捻——干燥的过程。但由于加工时干燥的方法不同，绿茶又可分为炒青绿茶、烘青绿茶、蒸青绿茶和晒青绿茶。

黄茶是指微发酵的茶，其中最有特点的要算蒙洱银针和霍山黄芽。

在制茶过程中，黄茶需要经过闷堆渥黄，所以，黄茶形成了叶黄、汤黄的特色。

白茶是一种轻度发酵的茶，最著名的算是白牡丹和白毫银针。

白茶

白茶在加工的时候要保证不炒不揉，在制作时只需要把叶背满茸毛的细嫩的茶叶晒干或用文火烘干，保证茶叶的白色茸毛可以完整地保留下来。

青茶又叫乌龙茶，是一种半发酵的茶，以大红袍、铁观音和冻顶乌龙茶作为代表。

青茶既有绿茶的鲜浓，又兼备了红茶的甜醇。又因为绿茶叶片中间的部分是绿色，叶缘呈红色，故有"绿叶红镶边"之称。

红茶是一种全发酵的茶，以荔枝红和祁门红茶作为代表。

在加工红茶的时候不需要经过杀青这一道工序，而是把茶叶直接萎凋，使鲜叶失去一部分水分，再揉捻，然后发酵，使所含的茶多酚氧化，变成红色的化合物。这种化合物一部分溶于水，一部分不溶于水，而积累在叶片中，从而形成红汤、红叶。

黑茶是一种后发酵的茶叶，其中最有名的要算云南的普洱茶和湖南黑茶。

黑茶

黑茶的原料一般都比较粗老，在加工时需要很长的时间堆积发酵，使叶色呈暗褐色，压制成砖。黑茶原来主要销往边区，是藏、蒙、维吾尔等兄弟民族不可缺少的日常必需品。

食物的故事

除此之外，茶叶还可以按照季节分类或者按照再加工的方式分类。

春茶是指在这一年三月下旬到五月中旬之前采制的茶叶。春季温度适中，雨量充分，再加上茶树经过了冬季的休养生息，使得春季茶芽肥硕，色泽翠绿，叶质柔软，且含有丰富的维生素，特别是氨基酸。不但使春茶滋味鲜活，且香气宜人，富有保健作用。

夏茶是指从五月初到七月初采制的茶叶。夏季天气炎热，茶树新的梢芽叶生长迅速，使得能溶解茶汤的水浸出物含量相对减少，特别是氨基酸等物质的减少使得茶汤滋味、香气多不如春茶强烈，由于带苦涩味的花青素、咖啡因、茶多酚含量比春茶多，不但使紫色芽叶色泽不一，而且滋味较为苦涩。

秋茶就是指在当年八月中旬到十月中旬之间采制的茶叶。秋季气候条件介于春夏之间，茶树经春夏二季生长，新梢芽内含物质相对减少，叶片大小不一，叶底发脆，叶色发黄，滋味和香气显得比较平和。

冬茶是指大约在十月下旬开始采制的茶。冬茶是在秋茶采完后，气候逐渐转冷后生长的。因冬茶新梢芽生长缓慢，内含物质逐渐增加，所以，滋味醇厚，香气浓烈。（如冻顶乌龙）

以各种毛茶或精制茶再加工而成的称为再加茶，包括花茶、紧压茶，液体茶、速溶茶及药用茶等。

药茶是将药物与茶叶配伍，制成药茶，以发挥和加强药物的功效，利于药物的溶解，增加香气，调和药味。这种茶的种类很多，如"午时茶"、"姜茶散"、"益寿茶"、"减肥茶"、"蒲凉支茶"等。

花茶

花茶是一种比较稀有的茶叶花色品种。它是用花香增加茶香的一种产品，在我国很受喜欢。一般是用绿茶做茶坯，少数也有用红茶或乌龙茶做茶坯的。它根据茶叶容易吸附异味的特点，以香花以窨料加工而成的。所用的花品种有茉莉花、桂花、珠兰等好几种，以茉莉花最多。

知识延伸

中国现代名茶有数百种之多，根据其历史分析，有下列三种情况：

有一部分属传统名茶。如西湖龙井、洞庭碧螺春、庐山云雾、太平猴魁、黄山毛峰、信阳毛尖、恩施玉露、六安瓜片、君山银针、云南普洱茶、苍梧六堡茶、安溪铁观音、武夷岩茶、祁门红茶等。

另一部分是恢复历史名茶，也就是说历史上曾有过这类名茶，后来未能持续生产或已失传的，经过研究创新，恢复原有的茶名。这类茶包括天池茗毫、雁荡毛峰、日铸雪芽、粤梅香、顺生茶叶、东阳东白等。

南糯白毫

还有大部分是属于新创名茶，如蒙洱月芽、南京雨花茶、云雾毛尖茶、高桥银峰、安化松针、遵义毛峰、黄金桂、八仙云雾、南糯白毫、午子仙毫等。

8. 中国著名的好茶

妈妈，你知道茶叶有多少种吗？妈妈，你知道中国最著名的茶是哪些吗？爸爸，你知道为什么这些茶都是中国最有名的吗？这些茶有什么特色呢？下面我们就告诉你。

食物如是说

茶叶

中国茶叶历史悠久，各种各样的茶类品种万紫千红，竞相争艳，犹如春天的百花园，使万里山河分外妖娆。中国名茶就是诸多种茶叶中的珍品。同时，中国名茶在国际上享有很高的声誉。名茶有传统名茶和历史名茶之分。

西湖龙井是中国最著名的一种茶叶。产于浙江省杭州市西湖周围的群山之中。多少年来，杭州不仅以美丽的西湖闻名于世界，也以西湖龙井茶誉满全球。西湖群山产茶已有千百年的历史，在唐代时就享有盛名，但形成扁形的龙井茶，大约还是近百年的事。相传，乾隆皇帝巡视杭州时，曾在龙井茶区的天竺作诗一首，诗名为《观采茶作歌》。

西湖龙井

洞庭碧螺春是中国著名绿茶之一。碧螺春茶产于江苏省吴县太湖洞庭山。相传，在洞庭东山的碧螺春峰的石壁长出几株野茶。当地的老百姓每年茶季持筐采摘，以作自饮。有一年，茶树长得特别茂盛，人们争相采摘，竹筐装不下，只好放在怀中，茶受到怀中热气熏蒸，奇异香气忽发，采茶人惊呼："吓煞人香！"此茶由此得名。有一次，清朝康熙皇帝游览太湖，巡抚宋公进"吓煞人香"茶，康熙品尝后觉香味俱佳，但觉名称不雅，遂题名"碧螺春"。

盘中的历史

信阳毛尖是河南省著名土特产之一，素来以"细、圆、光、直、多白毫、香高、味浓、汤色绿"的独特风格而饮誉中外。唐代茶圣陆羽所著的《茶经》，把

信阳毛尖

信阳列为全国八大产茶区之一；宋代大文学家苏轼尝遍名茶而挥毫赞道："淮南茶，信阳第一"。

君山银针是我国著名的黄茶之一。君山茶，始于唐代，清代纳入贡茶。君山，为湖南岳阳县洞庭湖中岛屿。岛上土壤肥沃，多为砂质土壤，年平均温度16℃～17℃，年降雨量为1340毫米左右，相对湿度较大。春夏季湖水蒸发，云雾弥漫，岛上树木丛生，自然环境适宜茶树生长，山地遍布茶园。

黄山毛峰茶产于安徽省太平县以南、歙县以北的黄山。黄山是我国景色奇绝的自然风景区。那里常年云雾弥漫，云多时能笼罩全山区，山峰露出云端，像是若干岛屿，故称云海。黄山的松或倒悬，或惬卧，树形奇特。黄山的岩峰都是由奇、险、深幽的山岩聚集而成。

黄山毛峰

武夷岩茶产于闽北"秀甲东南"的名山武夷，茶树生长在岩缝之中。武夷岩茶具有绿茶之清香，红茶之甘醇，是中国乌龙茶中之极品。

武夷岩茶属半发酵茶，制作方法介于绿茶与红茶之间。其主要品种有"大红袍"、"白鸡冠"、"水仙"、"乌龙"、"肉桂"等。

武夷岩茶品质独特，它未经窨花，茶汤却有浓郁的鲜花香，饮时甘馨可口，回味无穷。18世纪传入欧洲后，倍受当地群众的喜爱，曾有"百病之药"的美誉。

食物的故事

安溪铁观音茶属于青茶的一种，是我国著名的乌龙茶之一，产于福建省安溪县，历史悠久，素有茶王之称。据载，安溪铁观音茶起源于清雍正年间。安溪县境内多山，气候温暖，雨量充足，茶树生长茂盛，茶树品种繁多，姹紫嫣红，冠绝全国。

都匀毛尖又名"白毛尖"、"细毛尖"、"鱼钩

茶树

茶"、"雀舌茶"，是贵州三大名茶之一，中国十大名茶之一。产于贵州都匀市，属布衣族、苗族自治区。都匀位于贵州省的南部，市区东南东山屹立，西面龙山对峙。都匀毛尖主要产地在团山、哨脚、大槽一带，这里山谷起伏，海拔千米，峡谷溪流，林木苍郁，云雾笼罩，冬无严寒，夏无酷暑，四季宜人，年平均气温为16℃，年平均降水量在1400多毫米。加之土层深厚，土壤疏松湿润，土质是酸性或微酸性，内含大量的铁质和磷酸盐，这些特殊的自然条件不仅适宜茶树的生长，而且也形成了都匀毛尖的独特风格。

祁门红茶是很著名的红茶，也是红茶中的精品，简称祁红，产于中国安徽省西南部黄山支脉区的祁门县一带。当地的茶树品种高、产质优，植于肥沃的红黄土壤中，而且气候温和、雨水充足、日照适度，所以，生叶柔嫩且内含水溶性物质丰富，又以8月份所采收的品质最佳。祁红外形条索紧细匀整，锋苗秀丽，色泽乌润；内质清芳并带有蜜糖香味，上品茶更蕴含着兰花香，馥郁持久；汤色红艳明亮，滋味甘鲜醇厚，叶底（泡过的茶渣）红亮。

六安瓜片是国家级历史名茶，中国十大经典绿茶之一。

六安瓜片是六安当地特有品种，经扳片、剔去嫩芽及茶梗，通过独特的传统加工工艺制成的形似瓜子的片形茶叶。

茅岩莓又名土家神茶，长寿藤，其有效成分主要是黄酮，同时含有亮氨酸、异亮氨酸、蛋氨酸等人体必需的17种氨基酸和钾、钙、铁、锌、硒等14种微量元素，其中黄酮最高检测含量为9.31%，是目前发现的所有植物中黄酮含量最高的，被称为"黄酮之王"。

六安瓜片

中岳仙茶的口感口绵滑，初感涩涩，数秒间甜润之感突由舌根萌发，回味无穷，浅饮滴酌三回，便能瘾性渐生，真为人间仙品；其汤色黄绿明亮、麦香醇厚、叶底碧绿匀齐，兼具有安神、助睡眠、降血压等作用，可谓无上妙茶。

中岳仙茶是采自嵩山山脉野生酸枣树，其叶和芽充分吸收嵩山的日月光华，营养丰富；同时由于酸枣树完全为野生状

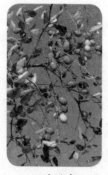

野生酸枣

态，纯天然、无污染、原生态，配以精湛加工工艺，制成的茶叶堪称天然、健康绿色饮品；它不仅保留了野酸枣之独特功效，而且其汤色黄绿明亮、麦香醇厚、叶底碧绿匀齐，更具备了安神利眠的功效，堪称茶中新贵。

泾渭茯茶是有着600年历史的茯砖茶技艺，陕西非物质文化遗产，原料主要采用陕南晒青，汤色橙红明亮，滋味甘醇浓厚，顺滑绵长。茯茶消滞去腻，降脂降血，平衡生理，是不争的事实。茯茶的"金花"，一目了然，茯茶金花菌的作用不是其他茶可以替代的。

9. 加点料，让茶更有味

花果茶

妈妈，除了绿茶红茶，还有别的茶吗？菊花茶、茉莉花茶也算茶吗？

爸爸，花果茶酸酸甜甜的很好喝，它也算是香茶吗？香茶有多少年的历史呢？

食物如是说

芳香植物也可以称为"香花"，中国的芳香植物有很多，如桂花、兰花、菊花等。从远古时期起，人们就对这种植物有了较为深刻的认识，当时的人们认为这种植物不仅具有芳香的气味，而且对人们的养生健体也有很好的功效。人们对这些"香花"的利用方式有很多，其中一种就是用其来制作香茶。当桂花、玫瑰、兰花、茉莉等香茶与茶叶一起熏制或单独冲泡，就可做出芳香可口的香茶。

桂花

盘中的历史

据文献记载，香茶的兴盛可以追溯到宋代，当时所著的《香录》、《香谱》等关于香料的文献记载中，零星地记载着关于香茶制作的方法。其中指出用桂花冲泡香茶时，可以使整个房间都充满了桂花的芳香，而菊花次之，两种花相为先后，可以常年备用。那个时候所用的香料基本上都是桂花、菊花、茉莉等不多的香花香料。

宋代之后，香料随着檀香、龙脑香等异域香料的传入，可制为香茶的芳香原料便也逐渐地丰富了起来。明代关于生活饮食起居的《便民图纂》、《遵生八笺》、《竹屿山房杂部》等文献中，对于香茶的记载都较为丰富。

《便民图纂》中记载了"百花香茶"、"天香汤"、"熟梅汤"、"香橙汤"等香茶的制作方法和用途。香茶就是茶叶与香料一起熏制而成，而香汤则专指用芳香的花草制成如桂花、兰花等，其中不含茶叶。在《便民图纂》中，香茶包括了香汤的概念。香茶熏制方法主要有：采用一个密闭的容器，将适量的香料与茶叶放在容器中，一般窨三天以上，窨的时间越长，茶所发出来的香味就越浓。而适合窨制茶叶的香料主要有香味浓厚的龙脑、麝香等。

熟梅汤

而在熟梅汤、香橙汤中，熟梅、香橙只是制作香茶的主要香料，其中还有檀香、生姜等香料作为制作香茶的辅料，采用特定的容器和方法配制出来的香汤外观、口感和功能都堪称一绝。

《遵生八笺》中提到制作"天香汤"有两种方法，比前人直接利用香花香草来冲泡的香茶的程序要复杂。第一种方法就是"清晨将盛开带露银桂打下，捣烂为花泥，然后在每一斤被榨干的桂花泥中加一两甘草与盐梅十个，将桂花泥、甘草与盐梅一起捣为香饼，最后用磁罐封住"，在想喝的时候就取适量的"桂花饼"放在开水中。第二种方法则是将"烘干的桂花末与干姜末、甘草末拌均匀，加入少量的盐，最后将它们密封在磁罐中"，想喝的时候在"汤水中加入适量的香末"。

清代把关于可以制成香茶的芳香原料记载最全面的，就要数顾仲的养生著作——《养小录》了，书中指出，世间一切有香无毒的花、草、叶都可以成为制作香茶的材料。顾仲并且将可以作为香茶材料的香花、香草的品种一一罗列出来，其中所提到的桂叶等30多种香花、香草都可以直接用开水冲泡或与茶叶薰香制为香茶。

桂叶

与此同时，顾仲还指出"凡诸花及诸叶香者，俱可蒸露，入汤代茶，种种益人，入酒增味，调汁制饵，无所不宜"。"蒸露"，也就是用蒸馏的方法来提取香精，由此也可以看出，此时便已出现了现代采用蒸馏技术提取香精的雏形。香精还可以直接添加在茶、酒、饼等食物中，而且所调配出来的香味纯正且稳定。当时人们利用这种芳香植物的方法已经接近于现在的水平。

食物的故事

花果茶也是香茶的一种，用水果、花卉和茶搭配而成，据说花果茶至今已经有数百年的历史。

在欧洲，大多数国家的人都喜欢喝咖啡，但对德国人来说，花果茶比咖啡更加重要，尤其是德国的女性，她们也把花果茶当做不可或缺的美容养颜佳品。

德国的花果茶富含维生素，尤其是维生素C。而且，德国人以不同的水果配上不同的花卉茶叶，发挥不同植物的特点，养生滋补。

矢车菊

正宗的花果茶一般由热带木槿花、苹果、葡萄、蔷薇花、酸味李子、番木瓜、柑橘皮、矢车菊、玫瑰花、罗马甘菊及芒果等无任何污染的花果组成。

花果茶能预防和治疗感冒，是因为花果茶本身含有大量的维生素C，可以有效地提高身体的免疫力，使人体增强抗病能力。一杯花果茶所含的维生素，与喝一杯鲜榨果汁的维生素含量不相上下。

在德国，常常有人把喝花果茶当作配合药物治病的辅助方法，认为这样能够缩短病程。一些消化不良的人在喝茶的同时，连果肉也吃下去，因为它能促进胃肠蠕动，帮助排除体内毒素，防止大便干燥。经常饮用这种茶还可以排毒养颜，避免脸上长出令人讨厌的小疙瘩。

在现在的欧洲，花果茶已经是非常普遍的饮品，尤其在女性中，已经变成了可以取代开水、咖啡与红茶的新饮品。

玫瑰

到目前为止，人们利用芳香植物最简单、最普通的方法就是冲泡成花草香茶。根据现代研究表明，像茉莉、玫瑰等具有丰富香味的香花，其中拥有丰富的芳香油、维生素和矿物质等这些对人体非常有益的成分。

饮用香茶，可以缓解压力、促进睡眠、提高注意力、美容养颜、增强免疫力等。长期坚持服用，可以调节人体的生理机能，对于容易感冒、发烧以及患慢性病的人，可以提高他们的抵抗力，从根本上改善他们的体质。香茶所发出的诱人香味与养生功能，是其从宋明一直延续至今的魅力所在，是中国茶文化的重要组成部分。

10. 当喝茶有了理论——《茶经》的出现

你们知道吗

妈妈，原来真的有关于喝茶和泡茶的书啊？

爸爸，陆羽是怎么写出《茶经》来的呢？为什么他会总结出这么多关于喝茶的方法和理论呢？

食物如是说

《茶经》是中国乃至世界现存最早、最完整、最全面介绍茶的第一部专著，被誉为"茶叶百科全书"，由中国茶道的奠基人陆羽所著。此书是一部关于茶叶生产的历史、源流、现状、生产技术以及饮茶技艺、茶道原理的综合性论著，是一部划时代的茶学专著。它不仅是一部精辟的农学著作，又是一本阐述茶文化的书。它将普通茶事升格为一种美妙的文化艺能。它是中国古代专门论述茶叶的一类重要著作，推动了中国茶文化的发展。

陆羽

盘中的历史

自唐代陆羽《茶经》到清末程雨亭的《整饬皖茶文牍》，专著共计100多种，包括茶法、杂记、茶谱、茶录、茶经、煎茶品茶、水品、茶税、茶论、茶史、茶记、茶集、茶书、茶疏、茶考、茶述、茶辩、茶事、茶诀、茶约、茶衡、茶堂、茶乘、茶话、茶荚、茗谭等。绝大多数都是大文豪或大官吏所作，可惜大部分已经失传。此外，在书中有关茶叶的诗歌、散文、记事也有几百篇。

陆羽喝茶

陆羽21岁时决心写《茶经》，为此开始了对茶的游历考察，他一路风尘，饥食干粮，渴饮茶水，经义阳、襄阳，往南漳，直到四川巫山，每到一处，即与当地村老讨论茶事，将各种茶叶制成各种标本，将途中所了解的茶的见闻轶事记下，做了大量的"茶记"。

经过十余年，实地考察32个州，陆羽最后隐居苕溪（今浙江湖州），开始对茶的研究著述，历时5年写成《茶经》初稿。以后5年又增补修订，这才正式定稿。此时陆羽已47岁，前后总共历时26年，才最终完成这世界上第一部研究茶的巨作——《茶经》。

陆羽声名远扬，朝廷有意留他在京为官，但他陈辞不就，仍周游各地，推广茶艺，影响所及，茶事大盛。唐朝以前，茶的用途多在药用，仅少数地区以茶做饮料。自陆羽后，茶才成为中国民间的主要饮料，茶盛于唐，饮茶之风普及于大江南北，饮茶品茗遂成为中国文化的一个重要组成部分。

陆羽被后人称为中国的茶圣。

陆羽与茶经

食物的故事

《茶经》是陆羽在各大茶区观察了茶叶的生长规律和茶农对茶叶的加工，进一步分析了茶叶的品质的优劣，并学习了民间烹茶的良好方法的基础上总结出的一套规律，此外陆羽还留心于民间茶具和茶器的制作，且制作出自己独特的一套茶具。陆羽用自己的一生研究茶事，他的脚步遍及全国各大茶区。

我国悠久的茶叶历史为人类创造了也为世界积累了最丰富的茶业历史文献。在浩如烟海的文化典籍中，不但有专门论述茶叶的书，而且在史籍、茶史、笔记、杂考和字书类古书中，也都记有大量关于茶事、茶史、茶法及茶叶生产技术的内容。公元758年左右，唐代陆羽编写了世界上最早的一卷茶叶专著——《茶经》。《茶经》的诞生，是中国茶文

茶具

化发展到一定阶段的重要标志，是唐代茶业发展的需要和产物，是对唐代茶文化的一个归纳，同时又对以后茶文化的发展起着积极的推动作用。

在《茶经》中分为以下几个部分：

"一之源"论述茶的起源、名称、品质，介绍茶树的形态特征、茶叶品质与土壤的关系，指出宜茶的土壤、茶地方位、地形，品种与鲜叶品质的关系，以及栽培方法，饮茶对人体的生理保健功能。还提到湖北巴东和四川东南发现的大茶树。

"二之具"谈有关采茶叶的用具。详细介绍制作饼茶所需的19种工具名称、规格和使用方法。

饼茶

"三之造"讲茶叶种类和采制方法。指出采茶的重要性和采茶的要求，提出了适时采茶的理论。叙述了制造饼茶的6道工序：蒸熟、捣碎、入模拍压成形、焙干、穿成串、封装，并将饼茶按外形的匀整和色泽分为8个等级。

"四之器"写煮茶、饮茶之器皿。详细叙述了28种煮茶、饮茶用具的名称、形状、用材、规格、制作方法、用途，以及器具对茶汤品质的影响，还论述了各地茶具的好坏及使用规则。

"五之煮"写煮茶的方法和各地水质的优劣，叙述饼茶茶汤的调制，着重讲述烤茶的方法，烤炙、煮茶的燃料，泡茶用水和煮茶火候，煮沸程度和方法对茶汤色香味的影响，并提出茶汤显现雪白而浓厚的泡沫是其精英所在。

"六之饮"讲饮茶风俗，叙述饮茶风尚的起源、传播和饮茶习俗，提出饮茶的方式方法。

　　"七之事"叙述古今有关茶的故事、产地和药效。记述了唐代以前与茶有关的历史资料、传说、掌故、诗词、杂文、药方等。

　　"八之出"评各地所产茶之优劣。叙说唐代茶叶的产地和品质，将唐代全国茶叶生产区域划分成八大茶区，每一茶区出产的茶叶按品质分上、中、下、又下四级。

　　"九之略"谈哪些茶具、茶器可省略，以及在何种情况下可以省略哪些制茶过程、工具或煮茶、饮茶的器皿。如到深山茶地采制茶叶，随采随制，可简化七种工具。

　　"十之图"提出把《茶经》所述内容写在素绢上挂在座旁，《茶经》内容就可一目了然。

　　《茶经》是中国第一部系统地总结唐代及唐代以前有关茶事的综合性茶业著作，也是世界上第一部茶书。作者详细收集历代茶叶史料，记述亲身调查和实践的经验，对唐代及唐代以前的茶叶历史、产地、茶的功效、栽培、采制、煎煮、饮用的知识技术都作了阐述，是中国古代最完备的一部茶书，使茶叶生产从此有了比较完整的科学依据，对茶叶的生产和发展起到一定的推动作用！

茶艺

11. 把饮茶变成艺术——茶道

　　妈妈，茶要怎么泡才好喝啊？泡茶的水有讲究吗？

　　爸爸，泡茶有那么多的讲究啊？不同的茶叶需要不同的水来泡吗？

泡茶

食物如是说

每个人都会喝茶，但不一定每个人都能冲出健康养生并且好喝的茶水。泡茶是一件很有讲究的事情，即使是同样质量的茶叶，如果用水不同或者泡茶的手法不同，泡出来的茶水会有很大的区别。所以，想泡好茶，就一定要讲究泡茶的实用性、科学性及艺术性。

实用性，是指泡茶时要根据实际需求来操作。

漂亮的茶器具

科学性，是指泡茶时需要了解各类茶叶的特性，用科学的方法冲泡，充分发挥出茶叶本身的特点和品质。

艺术性，是指泡茶时要学会选择合适的器皿和正确优美的冲泡程序。

盘中的历史

水

水质的好坏能直接影响茶汤之色、香、味，尤其对茶汤滋味影响更大。古人十分注重泡茶用水之选择。

首先，水要甘而洁，活而清鲜。在古书《茶录》中有记载"山顶泉清而轻，山下泉清而重"。

其次，要讲究对水的存储。储存水要注意干净，容器要洁净，还要避免阳光的照晒。

此外，还要注意感官指标。泡茶的水，色度不能超过15度，浑浊度不能超过5度，不能有异味、异色及肉眼可见物。

一般说来，天然水中，泉水是比较清净的，杂质少，透明度高，污染少，水质最好。但是，由于水源和流经途径不同，其溶解物、含盐量与硬度等均有很大差异，所以，并不是所有泉水都是优质的。

号称中国五大名泉的是镇江中冷泉、无锡惠山泉、苏州观音泉、杭州虎跑泉和济南趵突泉。

选择泡茶用水，必须了解水的硬度和茶汤品质的关系。天然水可分硬水和软水；含有较多量的钙、镁离子的水称为硬水；不容或只含少量的钙、镁离子的水称为软水。如果水的硬性是由碳酸氢钙或碳酸氢镁引起，称为暂时硬水。暂时硬水经过煮沸，所含的碳酸氢盐就分解成不容性碳酸盐，这样硬水变成软水。平时用铝壶烧水，壶底之白色沉淀物，就是碳酸盐。

水的硬度会影响水的酸碱度，而酸碱度又影响茶汤色泽。当酸碱度大于5时，茶汤色泽加深，酸碱度达到7时，茶黄素就会自动氧化而损失。

水的硬度会影响茶叶有效成分的溶解度。软水中含其他溶质少，茶叶有效成分的溶解度高，故茶味浓；而硬水含有较多量的钙、镁离子，茶叶有效成分的溶解度低，故茶味淡。如水中铁离子含量高，茶汤会变成黑褐色，这是茶叶多酚类物质与铁作用的结果。所以，泡茶用水以软水、暂时硬水为佳。

在天然水中，雨水和雪水属软水，泉水、溪水、江河水属暂时硬水，部分地下水属硬水，蒸馏水为人工加工而成，属软水。

冲泡茶叶，除了好茶、好水，还要有好的器皿。冲泡花茶，一般常用较大的瓷壶泡茶，然后斟入瓷杯饮用。炒青或烘青绿茶，多用有盖瓷杯泡茶。冲乌龙茶宜用紫砂茶具。西湖龙井、君山银针、洞庭碧螺春则宜选用无色透明玻璃杯最为理想。品茗绿茶类，不论用何种茶杯，均宜小不宜大。用大杯则水量多，热量大，容易使茶叶烫熟，影响茶汤的色香味。上班族常用保温杯泡茶，这种杯只适合泡乌龙茶或红茶，不宜泡绿茶。

紫砂壶

食物的故事

煮茶

要泡出好喝的茶，除了要有好茶、好水、好的茶具，还要有好的泡茶技术。泡茶技术包括三要素：

要泡出好喝的茶，要掌握茶叶用量。每次用量多少，并无统一标准，主要根据茶叶种类、茶具大小、消费者饮用习惯而定。泡茶用量之多寡，关键要掌握茶与水的比率，茶多水少，味浓；茶少水多，味淡。

泡茶烧水，要大火急沸，不要文火慢煮。以刚煮沸起泡为宜，用软水煮沸泡茶，茶汤香味更佳。如果水沸腾过久，即古人所称之"水老"。此时，溶于水中的二氧化碳挥发殆尽，茶叶之鲜活味即丧失。

泡茶水温的掌握，主要依泡何种茶而定。泡绿茶一般不能用100℃的沸水冲泡，应用80℃～90℃为宜，这时水要达到沸点后，再冷却至所要的温度。茶叶愈嫩绿，冲泡水温愈低，这样茶汤才会鲜活明亮，滋味爽口，维生素C也较少破坏。在高温下，茶汤颜色较深，维生素C大量破坏，滋味较苦，也就是说把茶叶"烫熟"了。

茶叶的冲泡时间和次数差异很大，与茶叶种类、水温、茶叶用量、饮茶习惯等都有关系。据测试，冲泡第一次时，可溶性物质能浸出50%～55%；第二次能浸出30%左右；第三次能浸出10%；第四次则所剩无几。所以，就如我们常讲的"品茶"，三个口，谓之品，一泡茶，冲三次即可。

水温之高低和茶用量的多寡，也连带影响冲泡时间之长短。水温高，用茶多，冲泡时间要短；反之则冲泡时间要长。但是，最重要的是，以适合饮用者之口味为主。

知识延伸

有那么多人喜欢喝茶，但很多人在喝茶的时候都会有失误出现，到底怎样喝茶才能满足我们以茶养生的需求呢？

错误一，用保温杯泡茶。

虽然保温杯能保证茶水的温度，但茶叶中含有的多种维生素和芳香油很容易会在高温或长时间的恒温水中损失，这样一来茶水的效果和口感都降低了。所以，在泡茶的时候，最好的茶具应该是冬天保温，夏天不馊，又具有一定透气性的瓷制品，这样还可以保证茶水不会发生任何化学反应。

瓷制茶具

错误二，用沸水冲泡。

有很多人错误地认为用刚烧开的水泡茶最好，但事实上，这是错误的。因为刚烧开的水温度很高，会导致茶叶中不耐高温的营养素被大量破坏，并且使茶本身的香味很快消失。实际上泡茶的水温最好按照茶叶的时间来分，陈茶可用95℃的开水直接冲入；新茶用的水温则应低些，80℃左右就可以了。

错误三，爱饮头遍茶。

很多人觉得第一次冲水，泡出的茶水会比较浓，可以提神醒脑。但这些人都忽略了很重要的一点，那就是茶叶在栽培和加工制作的过程中会受到农药等污染，茶叶表面总会残留一些农药，相应的，头遍茶农药等有害物质浓度也高。所以，应让头遍茶水发挥"洗茶"的作用，弃之不饮。

错误四，过量饮茶。

有的人对茶过于偏爱，过于相信茶的提神作用，所以，喝茶没有限度。其实茶中的一些物质过量了对人体是不利的，如大量饮茶可增加铝元素的吸收量，损害大脑，诱发痴呆症。

错误五，饭后即饮茶。

许多人都喜欢饭后立即饮茶，认为可以帮助消化。其实这是不好的习惯。茶叶中含有大量鞣酸，鞣酸可与食物中的铁质发生反应，生成难以溶解的物质，使胃肠黏膜无法吸收，时间一长可导致体内缺铁，甚至诱发缺铁性贫血病。另外，鞣酸与荤食中的蛋白质能合成具有收敛性的鞣酸蛋白质，使得肠蠕动减慢，从而延长食物的消化和粪便在肠道内潴留的时间。这样一来，不但容易造成便秘，而且还增加了有毒物质和致癌物被人体吸收的可能性，有害人体健康。纠正的方法是进餐后一个半小时再饮茶。

12. 馒头、包子要分清楚

你们知道吗

妈妈，为什么上海的生煎馒头是有馅的呢？为什么南方说的包子反而没有馅了呢？为什么包子里面会有汤呢？

爸爸，蒸饼是什么呢？它和馒头到底有什么关系呢？为什么说诸葛亮是馒头的发明人呢？

亲爱的爸爸妈妈，这些问题你们知道答案吗？

食物如是说

馒头

馒头是一种把面粉加水、食用碱等调匀，经过时间发酵后蒸熟而成的食品，一般的馒头都是半球形或长方形的，算得上是炎黄子孙最亲切的食物之一。

馒头是中国北方小麦生产地区人们的主要食物，在南方也颇受欢迎，南方一般用来当早点。最初，"馒头"是带馅的，而"白面馒头"或者"实心馒头"是不带馅的。后来随着历史的发展和民族的融合，北方话当中发生了变化。在北方称无馅者为"馒头"，有馅者为"包子"。

在江南地区，一般在制作时加入肉、菜、豆蓉等馅料的馒头叫做包子，而普通的馒头叫白馒头。味道可口松软，营养丰富，是餐桌上必不可少的主食之一。

中国幅员辽阔，民族众多，口味不同，做法各异，由此发展出了各式各样的馒头，不仅形态或材料区别很大，连叫法都大不相同。

盘中的历史

相传三国时期，诸葛亮率蜀兵攻打南蛮，七擒七纵收服了南蛮大将孟获。

诸葛亮带领大军得胜回朝的时候，路上经过了泸水。正在准备渡江之时，江面突然狂风大作，浪击千尺，鬼哭狼嚎，蜀国的大军没办法过江。看到这样的情景，诸葛亮召来孟获问明原因。

诸葛亮

原来，两军交战，阵亡将士无法返回故里与家人团聚，故在此江上兴风作浪，阻挠众将士回程。大军若要渡江，必须用49颗蛮军的人头祭江，方可风平浪静。

诸葛亮心想：两军交战死伤难免，岂能再杀49条人命？他想到这儿，遂生一计，即命厨子以米面为皮，内包牛肉、羊肉，并将这种东西捏成人头的形状。蒸熟之后当做人头，在江边陈设香案，洒酒祭江。从此，在民间即有了"馒头"一说，诸葛亮也被尊奉为面塑行的祖师爷。

诸葛亮创始的馒头，里面加上了牛羊肉馅，工序复杂且花费较多。于是，后人便将做馅的工序省去，就出现了白馒头。这毕竟是传说，事实上，馒头的出现是从汉朝时开始的。

蒸制的饼

汉朝时，由于石磨已经被广泛应用，面粉出现使得蒸制的面食开始流行，但在那个时候，蒸制的面食被统称为"饼"。

西晋的时候，皇帝专门下旨，规定今后祭祀太庙要用"面起饼"。"面起饼"就是现在的馒头，可见当时馒头不光是一种高级食品，也是著名的奢侈品。

自诸葛亮以馒头代替人头祭泸水之后，馒头刚开始就成为宴会祭享的陈设之用。

晋代的时候，有一段时间，古人把馒头也称作"饼"。当时的馒头还是和人头差不多的大小。

到了唐代，馒头的形态变小，有称作"玉柱"、"灌浆"的。按照当时的诗句和史料的记载，当时的馒头是宴席上必备的观赏物或是高档的点心。

包子

馒头成为食用点心后，就不再是人头形态。因为其中有馅，于是就又称作"包子"。不管有馅无馅，馒头一直担负祭供之用。

清军入关后，汉族的馒头为满族贵族所喜爱。由于满语中馒头称之为"饽饽"，于是，有馅的馒头就叫做"饽饽"，后来又称为"饽子"、"包子"，无馅的白馒头就简称为馒头。

食物的故事

馒头其实有很多种，不管是什么样的馒头，都是全国人民喜爱的重要食物。

主食馒头是以小麦面粉为主要原料制成的，算得上是北方地区的日常主食之一。根据风味、口感不同可分为以下几种。

① 北方硬面馒头是中国北方的一些地区，如山东、山西、河北等地百姓喜

手揉长形杠子馒头

爱的日常主食。依形状不同又有刀切形馒头、机制圆馒头、手揉长形杠子馒头、挺立饱满的高桩馒头等。

② 软性北方馒头在中国中原地带，如河南、陕西、安徽、江苏等地百姓以此类馒头为日常主食。其形状有手工制作的圆馒头、方馒头和机制圆馒头等。

③ 南方软面馒头是中国南方人习惯的馒头类型。多数南方人以大米为日常主食，而以馒头和面条为辅助主食，南方软面馒头颜色较北方馒头白，而且大多带有添加的风味，如甜味、奶味、肉味等。有手揉圆馒头、刀切方馒头、体积非常小的麻将形馒头等品种。

随着生活水平的提高，人们开始重视主食的保健性能。杂粮馒头开始受到人们越来越多的重视。杂粮有一定的保健作用，常见的有玉米面、高粱面、红薯面、小米面、荞麦面等为主要原料或在小麦粉中添加一定比例的此类杂粮生产的馒头产品。

玉米面

点心馒头是以特制小麦面粉为主要原料，适当添加辅料而制成的馒头。这种馒头一般个体较小，其风味和口感可以与烘焙发酵的面食相媲美，一般都是作为点心食用的，很受小孩子的欢迎。这种馒头也是现在宴席上常见的一种面点。

馒头不仅受到我国人民的喜爱，在亚洲的其他国家也很受欢迎。

红叶馒头

红叶馒头是日本广岛县宫岛地区的特色食品。那里店铺的特色是店与店之间的屋檐连成一排。红叶馒头也可以与绿茶和咖啡一起配搭。像用面粉、蛋、糖形成了类似蛋糕一样的质地包豆馅皮，制作仿照了广岛县县树鸟爪槭的树叶形状。

松露馒头是日本佐贺县唐津市知名的和果子。用蛋糕质地的表皮圆圆地包住豆沙馅，与唐津市名胜虹松原上生长的高级食用松露相似，因此被安上了这个名字。实际上松露馒头和松露一点关系也没有。

知识延伸

除了没馅的馒头，我们再来看看著名的包子吧。

① 开封灌汤包子

开封有两大名吃，鲤鱼焙面和灌汤包子，皆为皇家经典美食。其中最著名的就是皮薄汤多的灌汤包子。灌汤包的汤之鲜，肉馅是近乎于汤进入味觉感观的，面皮除去嚼感，几乎可以忽略。

鲤鱼焙面

② 贾三灌汤包子

贾三灌汤包算是回民饮食中的经典之作。

贾三灌汤包

它是西安小吃苑的一朵奇葩，够得上货真价实，也够得上独道独行；它在展示西安小吃区域特色的同时，更多展示了西安穆斯林饮食文化的特色。香美，鲜咸适中。

③ 吕记汤包

吕记汤包至今已有90多年的历史，因曾经是张作霖的最爱之一，因而又被称为"大帅包"，因其味道鲜美、风味独特又曾经在人民大会堂一展风采，被授予中华名小吃的荣誉。

吕记汤包在技术上、味道上都有了重大的突破，"汤汁充盈、香而不腻、养胃健脾、回味悠长"便成了当代吕记汤包的最好诠释。

④ 狗不理包子

这是闻名中外的天津著名包子，以主人的小名狗子得名。狗不理包子原本是私人的一家小铺子，后来公私合营了，便成了国营饭店了。现在中国各地都有狗不理包子分店。狗不理包子以猪肉馅为主，现在各种馅都有了，它已有一百多年历史，是最具特色的地方包子。

狗不理包子

13. 并不简单的米饭

米饭

妈妈，为什么米饭吃起来是甜甜的呢？大米和江米都可以蒸饭，其他的米也可以吗？为什么米饭会带来饱食感呢？

爸爸，米饭怎么样吃才最好呢？不同做法的米饭有不一样的效果吗？

亲爱的爸爸妈妈，你们知道怎么回答吗？

食物如是说

米饭是人们日常饮食中的主角之一；米饭与五味调配，几乎可以供给全身所需营养。大米性平、味甘，含有很多对我们身体有益的营养物质。

我们要保持最基本的生理活动，一定离不开碳水化合物、蛋白质和脂肪。

碳水化合物又可称为醣

| 油脂类 每天不超过25克 |
| 奶类及豆类 奶制品每天100克 豆制品每天50克 |
| 鱼、禽、肉、蛋 每天125-200克 |
| 蔬菜类 每天约400-500克 |
| 水果类 每天约100-200克 |
| 五谷类 大米、面包、谷类及粉 面类食物 每天约300-500克 |

人每天从饮食中提取体内所需的蛋白质

类，消化最快最容易被人体吸收，可以供应活动能量的主要来源。而醣类在人体能够充分地被燃烧，产生二氧化碳与水分，不会产生其它的物质，所以，是人体所需的三大营养素最适当的能量。

蛋白质对于人体的功效在于制造肉、血，增加皮肤的光泽弹性，使头发乌黑亮丽等，但如果饮食当中只摄取蛋白质，反而会造成蛋白质无法有效发挥自己原有的功效，只能提供单纯的燃料，当成身体基本运作的能量。

脂肪可以分成动物性脂肪或植物性脂肪两种，但脂肪却比碳水化合物和蛋白质足足多了两倍以上的卡路里。一般脂肪经由人体吸收后一样可以从体内产生碳水化合物。

蛋白质与脂肪成为替代品的方法及缺点一般，只要身体在没有任何碳水化合物的情况下，蛋白质与脂肪就会被当成碳水化合物的替代品。而且，蛋白质

糙米饭

与脂肪在分解成有用的能量之前，又必须经由肝脏、肾脏的充分配合，才能产生可以运用的能量，容易造成身体多余的负担。

而米饭的主要成分是碳水化合物，米饭中的蛋白质主要是米精蛋白，氨基酸的组成比较完全，人体容易消化吸收。糙米饭中的矿物质、膳食纤维和B族维生素的含量都比精米米饭中的高，但米饭中的赖氨酸含量较低。

盘中的历史

其实不同的米蒸出来的饭会有不同的效果。其中最滋补的要数粳米。

粳米粥

日常用来做米饭的普通大米又称粳米或精米，呈半透明卵圆形或椭圆形，出米率高，米粒膨胀性小，但黏性大。作为日常食用米，粳米含有人体必需的淀粉、蛋白质、脂肪、维生素B1、烟酸、维生素C及钙、铁等营养成分，可以提供人体所需的营养、热量。用粳米煮粥以养生延年，在中国已有2000年的历史，粳米粥最上一层的粥油对滋养人体大有裨益，最适宜病人、产妇和老人。粳米具有健脾胃、补中气、养阴生津、除烦止渴、固肠止泻等作用，可用于脾胃虚弱、烦渴、营养不良、病后体弱等病症，但糖尿病患者应注意不宜多食。

糙米是米类里对消化最好的。

糙米

所谓糙米，就是将带壳的稻米在碾磨过程中去除粗糠外壳而保留胚芽和内皮的"浅黄米"。糙米中的蛋白质、脂肪、维生素含量都比精白米多。米糠层的粗纤维分子有助于胃肠蠕动，对胃病、便秘、痔疮等消化道疾病有效。糙米较之精白米更有营养，能降低胆固醇，减少心脏病发作和中风的几率。糙米适合一般人群食用，

但由于糙米口感较粗，质地紧密，煮起来也比较费时，煮前可以将它淘洗后用冷水浸泡过夜，然后连浸泡水一起投入压力锅，煮半小时以上。

这两种米饭是我们在生活中经常吃到的。下面还有很多滋补功效很好，但是我们很少吃的饭要介绍哦。

食物的故事

黑米营养丰富，含有蛋白质、脂肪、B族维生素、钙、磷、铁、锌等物质，营养价值高于普通稻米。它能明显提高人体血色素和血红蛋白的含量，有利于心血管系统的保健，有利于儿童骨骼和大脑的发育，并可促进产妇、病后体虚者的康复，所以，它是一种理想的营养保健食品。

黑米

米具有滋阴补肾、益气强身、健脾开胃、补肝明目、养精固涩之功效，是抗衰美容、防病强身的滋补佳品。经常食用黑米，对慢性病人、康复期病人及幼儿有较好的滋补作用。由于黑米不易煮烂，应先浸泡一夜再煮。因此，肾虚者应多食黑米饭。消化功能较弱的幼儿和老弱病人不宜于食用。

糯米又叫江米，因其香糯黏滑，常被用以制成风味小吃，深受大家喜爱。糯米中含有蛋白质、脂肪、糖类、钙、磷、铁、维生素B2、多量淀粉等营养成分。因此青春期应多食糯米饭。

薏米

薏米又称薏仁米、苡米。薏米的营养价值很高，被誉为"世界禾本植物之王"。薏仁米营养丰富，含有意苡仁油、薏苡仁脂、固醇、氨基酸、精氨酸等多种氨基酸成分和维生素B1、碳水化合物等营养成分，具有利水渗湿、健脾止泻、清热解毒的功效。中医认为，薏米味甘、淡，性微寒、入脾、胃、肺经，对脾虚腹泻、肌肉酸重、关节疼痛等症有治疗和预防作用。因此，爱美女士以及脾胃虚弱者煮米饭时应加薏米。

小米又称粱米、粟米、粟谷。其富含蛋白质、脂肪、糖类、维生素B2、烟酸和钙、磷、铁等营养成分。由于小米非常易被人体消化吸收，故被营养专家称为"保健米"。小米具有健脾和中、益肾气、清虚热、利小便、治烦渴的功效,是治疗脾胃虚弱、体虚、精血受损、产后虚损、食欲不振的营养康复良品。因此,胃病患者应多食小米饭。但由于小米性稍偏凉,气滞者和体质偏虚寒、小便清长者不宜过多食用。

知识延伸

洗米

不管是新米还是陈米,都能蒸出香气宜人、粒粒晶莹的米饭,但想要让米饭变得好吃,要注意四大秘籍。只要掌握了这四点,一定能够蒸出香甜可口的米饭。

第一大秘籍——洗米:首先,我们用一个容器量出米的量。洗米一定不要超过3次,如果超过3次后,米里的营养就会大量流失,这样蒸出来的米饭香味也会减少。

第二大秘籍——泡米:先把米在冷水里浸泡1个小时。这样可以让米粒充分地吸收水分。这样蒸出来米饭会粒粒饱满。

花生油

第三大秘籍——米和水的比例:蒸米饭时,米和水的比例应该是1:1.2。有一个特别简单的方法来测量水的量,用食指放入米水里,只要水超出米有食指的第一个关节就可以。

第四大秘籍——增香:如果您家里的米已经是陈米,没关系,陈米也可以蒸出新米的味道。就是在经过前三道工序后,我们在锅里加入少量的精盐或花生油,记住花生油必须烧熟晾凉的。只要一点点,陈米也可以粒粒晶莹剔透饱满,米香四溢。

14. 拉面也有花样

你们知道吗

面条

妈妈,今天又要吃面条?面条是什么时候出现的呢?

爸爸,日本人常吃的拉面是从中国传过去的吧?这种有夹心的面条是怎么做出来的呢?这种空心面条真的好神奇。

拉面

拉面，一种汉族面食，后来演化成多种口味的著名美食，如山西拉面、兰州拉面、河南拉面等，拉面又叫甩面、扯面、抻面，是中国北方城乡独具地方风味的面食名吃。拉面可以蒸、煮、烙、炸、炒，各有一番风味。拉面的技术性很强，要制好拉面必须掌握正确要领，即和面要防止脱水，晃条必须均匀，出条要均匀圆滚，下锅要撒开，防止粘锅疙瘩。根据不同口味和喜好，还可将拉面制成小拉条、空心拉面、夹馅拉面、龙须面、扁条拉面、水拉面等不同品种。

拉面在山西是非常有名的。特别是晋中地区、阳泉等地及太原阳曲县的拉面最为著名。在山西吃拉面的时候需要浇配打卤或各种浇头，炝锅或汤面也颇有风味。

拉面这种食物，其实当年是由中国流传到日本去的，事实上，在日本的三大面，比如乌龙面、拉拉面、荞麦面，其中只有荞麦面勉强可以算得上是日本的传统面食，其他的拉面都是由中国拉面演变而来的。

乌龙面

随着行业的发展和市场的竞争，如今的餐饮业界对龙须面的标准定义已经成为了14扣，也就是一次拉出16384根，面艺表演师会在出条的过程中融入各式各样的舞蹈动作，面条在师傅们的手中活了起来，时而如银蛇狂舞，抻细后在师傅的抖动下又如惊涛骇浪，令人拍案叫绝。尤以抻至最后一扣，师傅往往会将面的一端放在地上，另外一端拉过头顶，不停抖动，中华面食技艺的博大精深被表演师展现得淋漓尽致，使人无不震撼。目前有记录最细的龙须面可抻至20扣以上，数目可达数百万根。

盘中的历史

现在我们经常吃到的拉面有以下几种。

小拉条是将面放在案板上，逐根或几根并拉，拉成细条投入沸水锅内，煮

小拉条

熟即成。这种拉面的制作方法不需要用碱，制法简单，味道纯正，是一般家庭中常吃的面类制品。

空心拉面是需要将面晃匀成长条后，放在案板上，用筷子在面条中压一深沟，沟中撒入少许绵白糖，再将口两边捏住，然后将面拉成条下锅。由于条中白糖融化，煮熟后面条中心成孔状，故称空心拉面。

夹馅拉面需要将鸡脯剔净肉筋，用刀背剁成肉泥，加蛋清、猪油、食盐等调成稀糊状。拉面晃匀成条后，放在案板上，用竹筷在面条中间压成深沟，再镶入糊状肉茸馅，将上端两边捏合，依照小拉面方法拉成长条，下开水锅煮熟即成。制作这种面条需要有非常高的技术。

龙须面，顾名思义，是指非常细的面条。一般要求龙须面至少要拉至12次以上，也就是最少要达到4096根。在这种时候，面已经变得非常细，不能下水煮熟，只能用温油炸熟，然后再撒上极细的糖粉或绵白糖，所以，这种面被称作雪花龙须面。

龙须面

食物的故事

现在我们最常见到和吃到的应该算是兰州拉面了。几乎每个城市的大街小巷都会有类似于"正宗牛肉拉面"、"兰州正宗牛肉面"之类的商标。但这些拉面店的拉面真的是正宗的吗？

兰州拉面

兰州拉面一般要选择专用面粉。就算没有专用面粉，也不适合用陈面。只有新鲜的高筋质面粉，蛋白质含量高，才能为拉面的制作成功保证前提条件。

和面不仅是制作拉面的基础，同时也是制作拉面的关键。制作拉面讲究要做到"三遍水，三遍灰，九九八十一遍揉"。也就是在制作拉面的时候需要加三次的水和灰，其中的灰，实际上是一种很特殊的碱，这种碱是用戈壁滩所产的蓬草烧制的，俗称蓬灰，将这种东西加进面里，不仅可以使面有一种特殊的香味，而且拉出来的面条爽滑透黄、筋道有劲。

在所有准备都结束之后就可以拉出大小粗细不同的面条，兰州拉面一共有9种不同的形状，可以满足很多不同食客的需要。兰州拉面的面条可以做到细如丝，且不断裂，面条光滑筋道，在锅里稍煮一下即捞出，柔韧不粘。有句顺口溜形容往锅里下面："拉面好似一盘线，下到锅里悠悠转，捞到碗里菊花瓣"。观看拉面好像是欣赏杂技表演。

拉面表演

知识延伸

日本的拉面是在古代的时候由中国流传到日本去的。日本对拉面最早的记载，是在1740年，一位名叫安积觉的学者在书中提到的。

其实，拉面是在1912年的时候由日本人自中国引进的。当时在日本还没有拉面这种叫法，日本人称拉面为"龙面"。

来来轩拉面

最早的拉面店，是明治四十三年在东京浅草开张的"来来轩"，来来轩把日本的传统汤头——柴鱼、昆布（即海带）高汤，混入猪骨或鸡骨熬制成的高汤中，而东京风味的酱油拉面，就是从这里开始的。

现在的日本面食专卖店，一般都以自家独特的酱汁加入高汤稀释。这种店家也几乎都以酱油调味为多，少数以味噌或盐调味的只是为求变化，不会是店家的秘传招牌面。

不论是日式拉面或中华拉面，都是品尝其面条和汤汁，中华拉面保留了中国正统的汤面形式，以配料来展现其独特的味道，而日式拉面配料较少改变，一般都是以玉米、叉烧、笋干、蛋、豆芽、海苔、海鲜等为基础再做变化，不过拉面本身并不会因为这些配料的不同而有所变化，因为汤头及面条的融合才是绝佳拉面的重头戏。

海苔

15. 是"油炸桧"，还是油条

你们知道吗

油条

妈妈，油条真的很好吃，这么好吃的东西是怎么出现的呢？

爸爸，原来油条是"油炸桧"啊，这么好吃的东西，怎么会和大奸臣联系在一起呢？

食物如是说

"老板，来一斤油条，打包。"

"好嘞，您慢走！"

这样的场景相信在早点摊上经常可以看到。不过我又要发问了，大家整天吃油条，可有谁知道油条的来历？既然没人回答，那么我们就一起穿越到宋朝，看看宋朝的油锅里炸的是"谁"？

炸油条

盘中的历史

油条的历史其实非常悠久。我国古代所谓的"寒具"，其实就是油条。

刘禹锡

唐朝诗人刘禹锡曾经写过一首关于油条的诗："纤手搓来玉数寻，碧油煎出嫩黄深；夜来春睡无轻重，压匾佳人缠臂金。"这首诗很形象地描写了油条的形状和制作过程。

油条在闽南地区被叫做"油炸鬼"。油条起初的名字叫做"油炸桧"，据说最早是临安人发明的。在南宋年间，奸臣宰相秦桧和他的老婆王氏因贪婪嫉妒，通敌卖国，在自家东窗下定了一条毒计，把精忠报国的抗金名将岳飞在风波亭害死了。这个震惊国人的消息传开之后，老百姓愤愤不平，全国各地的茶馆、酒楼，街头巷尾都在谈论着这件事。后来临安风波亭附近有两个卖早点的饮食摊贩发明了一种叫油炸桧的点心。

为了发泄心中愤恨，于是人们争相仿效。从此，各地熟食摊上就出现了油条这一食品。至今，有些地方仍有把油条称为"油炸桧"。油条是中国大众最喜欢的食品之一。

食物的故事

那个时候，在从安桥下有两家食品店，一家是卖烧饼的，而另一家卖的是油炸糯米团。一天，刚刚散了早市，做烧饼的王二整理好炉中没有卖出去的几个烧饼，看看没有买主，便坐在自家的板凳上休息。这时，做糯米团的李四也坐在那里抽着自己的老烟袋。

烧饼

二人打过招呼，便聊了起来，也谈到忠臣岳飞被奸臣秦桧害死的这件事。两人对这件事都非常愤慨，都想用一种方式来表达对这件事的看法。只见王二从他的面板上弄了两个面疙瘩，揉揉捏捏，不一会儿，便捏成了两个面人，一个是吊眉的无赖，而另外的是一个歪着嘴的妇女。后来他又觉得不解气，便顺势拿起了切面的刀，在那无赖的脖子处和妇女的肚子上均切了一刀。

秦桧石像

李四看到后，认为这样还是不解气，于是，便把自己家的油锅端到王二烧烤烧饼的炉子上，并将那两个切断的面人重新捏好，把他们背对背地绕在一起，就丢到了滚烫的油锅中去炸。他们一边炸着面人，一边喊着："大家来看油炸桧喽！大家来看油炸桧喽！"

过往的行人听见"油炸桧"感到非常的新鲜，便都围了过来。大家看到油锅中正炸着两个丑陋的面人，于是明白了怎么回事，就也跟着一起喊："大家来看看，这里油炸桧喽！"

也不知是哪道风吹得不对，恰巧秦桧坐着八抬大轿经过从安桥。在轿子中的秦桧听到外面嘈杂的喊声，觉得这声音如针一样直刺入自己的心口，便令轿子停下，立刻去抓人。官兵把王二和李四抓了起来，并且把那个油锅也一并带到了秦桧的大轿前。秦桧看到油锅中那两个被炸得黑乎乎的面人，气得连胡子都朝天了，走出大轿对着王李二人便大喊："你们好大的胆子，想造反呀？"

王二平静地回答道："我们都是做小买卖的，对这种造反的事不感兴趣。"

秦桧问道："既然这样，你们怎么敢乱用本官的名讳？"

王二答道："啊呀，宰相大人，您大名所用的'桧'是木字旁的，而我所用的是火字旁的'烩'呀。"这时，在旁围观的群众都喊道："对呀，音同字不同呀，怎么就说是你的大名呢？"秦桧这时无话可说，他看看锅中那两个在油中所浮动的面人，便怒道："不要啰嗦，这炸成黑炭一样的东西，还怎么吃，分明就是两个刁民在这里聚众生事。"

秦桧和他的妻子

听到秦桧这么一说，从人群中便走出了两个人，一边把锅中的面人捞出来放到嘴中，一边说："就要这样炸才好吃，我越吃越觉得自己的牙齿越畅快。"这样一来，秦桧的脸气得更如同鸭血一般，他只好返回大轿，灰溜溜地回家了。

奸臣秦桧被当众羞辱这件事，一下子就轰动了整个临安城。人们纷纷从各地赶到从安桥来，都想一品"油炸桧"的滋味，后来人越来越多，王二和李四索性就合伙开了一家专做"油炸桧"生意的小店。

后来，由于捏面人很费功夫，顾客总是排着长长的队伍，因此，王二和李四两人想出了一种更为简便的方法，他们把一大团面摊开，用刀切成等分的小条，再炸的时候，从中拿两根出来，一根代表着秦桧，而另一个则代表了他的妻子王氏，之后用擀面杖一压，相互缠绕在一起，放到油锅里去炸，但人们依旧把它叫做"油炸桧"。

知识延伸

当时老百姓吃"油炸桧"的时候，都是为了一解心头之恨，但经过品尝之后，感觉味道还不错，价钱也比较便宜，于是，吃的人就越来越多。"油炸桧"一时间红遍了临安城，很多小餐馆也都学着做了起来。以后就逐渐地传遍了大江南北，日久天长，人们就把这根长长的"油炸桧"称作了"油条"。

16. 吃的不是月饼，是文化

月饼

妈妈，月饼很好吃，但是，以前的月饼也是这样的吗？

爸爸，古人有用月饼传递信件，这是真的吗？月饼真的对朱元璋的起义有着重要的帮助吗？

食物如是说

月饼自古就象征着一种团圆和美好之意，它是一种中秋佳节必食之品。关于月饼由来的传说有许多，但在所有的传说中，月饼都是作为用来庆祝胜利的食品。

据说，远在唐高祖李渊年间，大将军李靖征讨匈奴时大获全胜，于八月十五回朝。当时的一些吐鲁番商贾为了向大唐表示庆贺，便做饼以供之。高祖李渊接过这些制作精美的饼盒，从中拿出了商贾所供的胡饼，笑着指空中的明月说"应将胡饼邀蟾蜍"。说完，便命人把这些吐鲁番商贾所供的胡饼分给群臣共同品尝起来。

李靖

从此之后，月饼的制作越来越精细考究。

随着社会的发展，月饼也逐渐影响到百姓的日常生活，成为寻常百姓在八月十五所需的必备品。月饼自古发展到今天，所作出来的品种更加繁多，风味也因地各异。其中更是有京式、苏式、广式、滇式、潮式五大种类的月饼。而深受广大消费者所喜爱的水果月饼，就是在海南等地近些年兴起的。

盘中的历史

史上关于月饼的最早记录可以追溯到宋代的秦再思所著的《洛中记闻》，其中记述说唐僖宗李儇在中秋节吃月饼时，感到口味极其鲜美。在僖宗赏月时，听闻新科进士正在曲江设宴庆贺，于是，便令御膳房用红色的绫缎包裹好月饼前去赏赐给新科进士们。

到了宋代，当时的月饼是菱花形的，所以便有了"荷叶"、"金花"、"芙蓉"等精致典雅的称呼，与此同时，在制作月饼的方法上更是精进了不少。号称"东坡居士"的苏轼就曾有诗道："小饼如嚼月，中有酥和饴"，酥就是油酥，饴就是糖，由酥和饴所制作出来的月饼，其味道香脆可口的感觉可想而知。自宋以后，在月饼制作的时候，不但在口感上香甜酥脆，更是

唐僖宗

在月饼的饼面上别出心裁地设计出了各种各样的图案。饼面上那些别出心裁

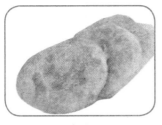

油酥

的图案，起初也许就是先画在纸上，然后再粘贴到饼面之上，到了后来，人们干脆用一种模子压制在月饼之上。

圆形的月饼就如同十五的月亮一样，象征着家庭的团圆，人们经常用它来当做节日的食品、祭祀的祭品或亲朋的互送礼品。

食物的故事

中国历代很注重农业，农业也一直成为我国的第一大产业。而中秋节正逢春华秋实、五谷丰登的农收季节，所以，农村的家中常食用"芋魁"。就是我们所谓中秋时节所吃的番薯、芋头，这两种食物以其体型硕大而圆润，常被人们比为丰收与圆满之意。而如今我们在走亲访友的时候互赠月饼，同样也具有象征着圆满、团圆之意。

芋魁

在中秋的夜晚，全家人坐在一起，看着皎洁如华的明月挂在空中，这时对月饮酒或品茶吃月饼，以助团圆美好的和乐兴致，这大概也可以算上人生的一大乐事。所以，如果没有中秋节，人们还可以吃月饼，但如果没有了月饼，那么中秋节也就没有了节日的氛围。因此，中秋节与月饼紧密相连，二者密不可分。

蟾蜍

关于月饼的起源有很多的传说，如第一个就是唐高祖时期，边寇犯境，李靖率兵出师，取得了大获全胜的战绩，在八月十五的时候班师回朝时，吐鲁番供献的胡饼。而第二种说法就是，在北宋时期，中秋节人们都以爬高、登楼先睹明月为快，然后再举行一种祭拜月亮的仪式，其中的贡品就有圆饼，根据《燕京岁时记·月饼》中所说置于贡桌上的月饼随处可见，其中大的有一尺来长，并且饼面上画有月宫蟾蜍的图案或祭祀完毕之后人们共同而吃的场面，这也就是中秋时节吃月饼的习俗。

知识延伸

中国传统的中秋节本就为团圆之节，所以，才有了王维的千古名句"每逢佳节倍思亲，遍插茱萸少一人"等诗句，这也就是说到了八月十五，人们都想回家团圆。如果家人在海外或在异地，八月十五不能回家团圆，那么，这种想念之情就会更加浓重。

刘伯温

到了元代，相传刘伯温更是利用月饼组织了一场农民起义。农民起义推翻了元朝的残暴统治后建立了大明王朝，从此，中秋节吃月饼就更加流行了。

总而言之，中秋这场团圆的聚会，吃着月饼赏月的习俗由来已久，并且流传至今，这种习俗经久不衰。

17. 南甜北咸、西辣东酸：由调味品产生的美食风味

你们知道吗

妈妈，为什么不同地方的特色美食有不同的风味呢？味道的分布是怎样形成的呢？

爸爸，人们常说"南甜北咸，西辣东酸"，这句话有道理吗？为什么会这样呢？

食物如是说

原始社会时，人们最早只会从自然界中获取天然没有加工的或被动加工的食物，自从燧人氏发明钻木取火后，人类开始学会了"烹"，这使得人类进食更加注重口感，更使人类区别于其他动物，从进食上就高出一个档次。而自调味品诞生以来，饮食才开始有了真正的发展。

调味品的发展几乎是伴随着人类文明的发展历史，凡是那些"烹调"水平较高的民族，往往都是那些文化深远的古老民族，其中尤其以有"饮食大国"之称的中国最为著名。

中国调味品的三大"祖先级别"的调味品是：盐、梅、酒。相传已经失传的商王武丁所作的《商书·说命》三篇中的下篇中有"若作酒醴，尔惟麴糵；若作和羹，尔惟盐梅"的诗句，意思是，酒要想甘甜可口，就要有好的酿酒材料，盐是咸的、梅是酸的，做饭的时候，需要用咸和酸调和味道。在先秦文化中，有些关于饮食方面的文献中说"和如羹焉，水火醯醢盐梅，以烹鱼肉。"也就是说做鱼的时候，要用盐和梅加以调味。从中我们也可以看到，古人其实很早就对烹调两者的关系有深刻的了解。我们现在都知道，盐之所以是咸的，那是因为盐中的氯化钠所致，它主要的作用就是调节人体内细胞间渗透的平衡，以及正常的水盐代谢平衡，是人体不可或缺的一个成分。

自商朝起，人类的酿酒技术逐渐发展成熟。最初人们在酿酒的时候，发酵的技术掌握不好，酒就会慢慢变酸，当人们尝到"远古的牛二"变酸后，味道也很不错，于是便把"牛二"当成一种调味品使用，当时的人们都记住了它的小名——"苦酒"，这也就是醋的由来。西周的时候，我们的祖先学会了用麦芽和谷物制作糖，这也是世界上最早的人工甜味剂。当时人们还会用鱼、酒和盐做原始的"鱼罐头"。商周时期，厨子往往会得到国君们的赏识，甚至有时会因为一道菜而使得"厨子进军政界"，例如3000多年前的名相伊尹据说就是一位专家级的厨师，后来被人们尊称为"烹调之圣"。

盘中的历史

关于盐的使用的记载相当早，在神农氏的时代，人类就学会了制盐的方法。东汉时期的《说文解字》中就说卤"象盐形"。其中《玉篇》又说：

鱼罐头

"卤，咸也。"卤似乎就是自然结晶形成的盐块，而并不是人加工而成的盐。在《尚书·洪范》中，又有记载中华的第一位哲学家箕子说"润下作咸"。在生活中，酸、甜、苦、辣、咸"五味"中，咸也是其中之一。

对于梅，古代在日常生活中主要是利用其果酸来当做调料，梅酸经过现代医药学研究，具有收敛固涩、健脾胃、增强肝脏功能的作用。对于梅酸的利用，我们可一直追溯到新石器时代，今河南新郑裴李岗遗址中就曾出有梅核。

至于酒的出现，大概可以追溯到新石器时期以前，在大汶口距今6400余年的战国时期文化遗址中，在墓葬出土文物中有高柄的酒杯和一口硕大的滤酒缸。《淮南子·说山训》中记载："清醠之美，始于耒耜。"也就是说美酒的出现与农业发展有着密切的关系。《战国策·魏策二》中记载："帝女令仪狄作酒而美，进之禹，禹饮而甘之。"看来酒作为饮料及调味品，至少在夏禹时就已经非常流行了。总而言之，文献中所提到的盐、梅、酒三大古代调味品，至少在夏商时代就已经用于烹饪了。

箕子

食物的故事

令仪狄作酒

我国古代的调味品是否就只有这三种，答案当然是否定的，古代还有一种常用的香料调味品，并且至今还影响着人们，它就是"姜"。春秋战国时期，人们的饮食也越来越讲究，并不满足于古代的"三种调味品"这么简单。孔子有句话："食不厌精，脍不厌细。"这时候，原产于黄河流域或长江流域的姜，逐渐成为了人们一日三餐中必不可少的几样东西之一，人们当时不仅用它对饭菜调味，还用它做腌菜，甚至还会用来做祛风寒的药。

战国时期，花椒和茴香有了初步的记载，但还是没有应用得那么广泛。《诗·载芟》中写道："有椒其馨。"《荀子·礼论》中有云："刍豢稻粱，五味调香，所以养口也；椒兰芬苾，所以养鼻也。"花椒可以刺激味觉，减少腥腻味，可以增加菜肴的美味。花椒味道有浓厚的甘辣味，它可以用来泡酒，古人称之为"椒酒"、"椒浆"，并且花椒还可以用来做药物之用。花椒用于调味可以追溯到商代，最近在河南发掘的晚商六号古墓中，墓主人的头骨旁边发现了数十粒花椒的种子。

花椒

秦汉时，人们已经开始掌握了烹调中去腥、去臊、除膻的方法。汉代时，当大蒜、香菜、胡椒等经丝绸之路传入我国的时候，我国就有了比较成熟的酿醋技术，并且人们还开始用大豆和面粉制作豆腐。当人们在吃豆腐的时候偶然发现上面的液体味道很好，便开始有意识地榨出这种液体，也就是我们现在所说的豆浆，其最早被叫做"酱清"或者"清酱"。

甘蔗

到了空前繁荣的唐代时，商业、经济、文化都有了较大的发展，饮食文化更是空前的繁荣，当时花椒、大料、胡椒、桂皮、茴香、葱、酒都已经成为家家必备品了。太宗时，从天竺传来了一种制糖的新方法——甘蔗制糖法。而宋朝对于烹调的热衷更是到了与日俱增的地步，人们开始热衷于用油烹调食物，油炸食品和甜食当时非常流行。

知识延伸

到了成吉思汗统一天下的时候，出现了用黄酱和小麦制作的甜面酱。更值得一提的是，到了朱元璋的明代，传入了一种原产于美洲的辣椒，在这之后仅仅三四百年，这种"外来品"便风靡了我国一半以上的地区，人们用它制造出一些辣味调味品，如辣椒酱、辣椒盐等，并且还培养出了名满天下的中国川菜体系。在这个时期人们开始制造一些芝麻油、芝麻酱、腐乳等调味品。清朝时期，人们的饮食习惯已经和现代非常相似了。

成吉思汗

19世纪初期，日本人率先研制出味精，它成为近代最常用的调味品之一。近些年来，随着生产力水平的发展，主要调味品都已经变成了机械化和工业化生产。目前，世界调味品类型已经向复合调味品方向发展。调味品也逐渐走上了科学和健康之路，例如各种有保健作用的盐、醋、油等。

18. 麻辣鲜香，样样经典的川菜

你们知道吗

妈妈，满大街都是川菜馆子，这些川菜为什么会这么受欢迎呢？

爸爸，川菜有哪几种分类呢？川菜又有哪些显著的特点呢？

食物如是说

辣椒

川菜是中国四大菜系之一，因起源于四川重庆和贵州一带，以麻、辣、鲜、香为特色。以全国在营业的菜馆来说，川菜的影响力可算全国第一。

川菜的出现可追溯至秦汉，在宋代已经形成流派，当时的影响已达中原。

明末清初，辣椒间接由美洲经欧洲引入中国，川菜也开始用辣椒调味，使巴蜀时期就形成了"好香辛"的调味传统进一步有所发展。清乾隆年间，四川罗江著名文人李调元在其一本书里系统地搜集了川菜的38种烹调方法。不论官府菜，还是市肆菜，都有许多名菜。

晚清以来，川菜逐步形成地方风味极其浓郁的菜系，具有取材广泛、调味多样、菜式适应性强的特征。由筵席菜、大众便餐菜、家常菜、三蒸九扣菜、风味小吃等五类菜肴组成完整的风味体系。其风味则是清、鲜、醇、浓并重，并以麻辣著称。对长江上游和滇、黔等地均有相当的影响。

现在，川菜的踪迹已遍及全国，以至海外。

盘中的历史

原料多选山珍、江鲜、野蔬和畜禽的川菜有"七滋八味"之说，"七滋"指甜、酸、麻、辣、苦、香、咸；"八味"即是鱼香、酸辣、椒麻、怪味、麻辣、红油、姜汁、家常。在口味上，川菜特别讲究"一菜一格"，且色、香、味、形俱佳，故国际烹饪界有"食在中国，味在四川"之说。

川菜突出的是麻、辣、香、鲜及油大、味厚的特点，重用辣椒、花椒、胡椒等三椒和鲜姜。在七种基本味型的基础上，又可调配变化为多种复合味型。

鱼香肉丝

川菜的复合味型有20多种，如咸鲜味型、麻辣味型、糊辣荔枝味型等，形成了川菜的特殊风味。这其中以鱼香、红油、怪味、麻辣较为常见。

在川菜烹饪过程中，如能运用味的主次、浓淡、多寡，调配变化，加之选料、切配和烹调得当，即可获得色香味形俱佳的具有特殊风味的各种美味佳肴。

烹调讲究品种丰富、味多味美的川菜，受到人们的喜爱和推崇，是与其讲究烹饪技术、制作工艺精细、操作要求严格分不开的。

川菜烹调有四个特点：一是选料认真，二是刀工精细，三是合理搭配，四是精心烹调。在"炒"的方面有其独到之处。它的很多菜式都采用"小炒"的方法，特点是时间短，火候急，汁水少，口味鲜嫩。

干煸豆角

在烹调方法上擅长滑、熘、爆、煨等。尤为小煎、小炒、干煸和干烧有其独道之处。从高级筵席"三蒸九扣"到大众便餐、民间小吃、家常风味等，菜品繁多，花式新颖，做工精细。

食物的故事

川菜分为"上河帮"、"下河帮"和"小河帮"三类。"上河帮"即蓉派川菜，流行于川西平原地区；"下河帮"即渝派川菜，流行于川东盆地边缘山区；而"小河帮"以盐帮菜为主，流行于沱江流域的自贡、内江等地。在川渝以外的地区，川菜餐馆的菜品口味多为蓉派川菜和渝派川菜，盐帮菜则相对较少。不过，最近几年盐帮菜受到越来越多人的喜爱。

蓉派川菜主要源于成都流行的官府菜，讲求用料上乘，配比精细准确，严格以传统经典菜谱为准，菜品色相较高，口味相对温和；渝派川菜源于四川盆地东缘的重庆，以用料大胆，不拘泥于传统食材，广泛选择下脚料，制作手法亦不拘一格，常常有烤、炸等传统川菜较少采用的手法，口味丰富多变，色相上相对不太讲究。盐帮菜则以精致、奢华、怪异、麻辣、鲜香、鲜嫩味浓为特色。

一般认为蓉派川菜是传统官家川菜，渝派川菜是更接近贵州菜做法的新式川菜。

蓉派川菜精致细腻，多为流传久远的传统川菜，旧时历来作为四川总督的官家菜，一般酒店中高级宴会菜式中的川菜均以成都川菜为标准菜谱制作。其中被誉为川菜之王、名厨黄敬临在清宫御膳房时创制的高级清汤菜，常常用于比喻厨师厨艺最高等级的"开水白菜"便是成都川菜登峰造极的菜式。

蓉派川菜

火锅

成都地处天府之国川西平原，因此，蓉派川菜讲求用料上等，配比精细准确，严格以传统经典菜谱为准，其味温和，绵香悠长。通常颇具典故。近几年风靡全国的清油火锅是成都人改良的。

渝派川菜大方粗犷，以花样翻新迅速、用料大胆、不拘泥于材料著称，俗称江湖菜。较早的菜式起源于长江边拉纤的码头纤夫、平民家庭厨房或路边小店，并逐渐在市民中流传。其次，重庆川菜受到了中华民国时期和建国后三线建设时期大量江浙移民的影响，对于海鲜、贝类、梅菜、年糕等东部地区的食材使用较多，部分重庆菜口味相对四川川菜，带有淮扬菜和上海菜浓油赤酱的特点。

小河帮又叫盐帮菜，发源于自贡。自古自贡就是重要的盐产地，中国古代盐业对应这巨大的商贸利益，盐业贸易导致了古代自贡经济的高度发达，这也孕育了发达的自贡饮食业。

有一些小菜烹调手法也甚精致。如炒空心菜，要预先将每节空心菜灌入肉馅，然后精心炒制方成。

　　川菜主要由高级宴会菜式、普通宴会菜式、大众便餐菜式和家常风味菜式四个部分组成。四类菜式既各具风格特色，又互相渗透和配合，形成一个完整的体系。

　　开水白菜又被称为玻璃白菜，鲜甜的白菜以吊汤中的最高境界——清汤烩之，鲜只有用味蕾来体会。表面看只是简单的白菜，没有任何高档的食材，却能把味道做到咸鲜浓郁，原来功夫都在"开水"中。

东坡肘子

　　东坡肘子也为四川名菜。传说苏东坡喜欢吃猪肘子，并曾亲自制作，因此得名。实际上此菜起源于20世纪40年代的成都"味之腴"餐厅，而且从此成为这个餐厅的当家名菜。

　　餐厅的老板从古诗文中找到汉朝班固的两句话，"委命供己，味道之腴"，决定以"味之腴"为店名。他们从苏东坡的传世墨迹中集成"味之腴"三字，制作为招牌。还从苏东坡的《炖肉歌》中的"慢着火，少著水，火候足时它自美"的炖肉十三字诀中演化出一种烧猪肘子的办法，就命名为"东坡肘子"。他们还造出舆论，说"味之腴"的招牌是苏东坡亲手书写的，"东坡肘子"是苏东坡亲手创制并流传下来的。因此，名店"味之腴"、名菜"东坡肘子"不胫而走。"味之腴"餐厅经营至今，久盛不衰，传至全国，又出现了多种"东坡肘子"的制法。

　　四川各地小吃通常也被看作是川菜的组成部分。由于重庆地区的小吃相对较少，除重庆麻辣小面外，川菜小吃主要以成都小吃为主。这些小吃流传很久，受到很多人的喜爱。

苏东坡

19. 五滋六味，配料精巧的粤菜

妈妈，原来老鼠和蛇都可以成为食物啊？

爸爸，粤菜的食材那么多，有那么多讲究，历史是不是很悠久呢？

食物如是说

蛇菜

粤菜就是广东菜，是由广州、潮州、东江三地特色菜点发展而成，算是我国起步较晚的菜系，但它影响深远，港、澳以及世界各国的中菜馆多数是以粤菜为主。粤菜注重吸取各菜系之长，烹调技艺多样善变，用料奇异广博。在烹调上以炒、爆为主，兼有烩、煎、烤，讲究清而不淡，鲜而不俗，嫩而不生，油而不腻，有香、松、软、肥、浓和酸、甜、苦、辣、咸、鲜的特点。这类菜的时令性强，夏秋尚清淡，冬春求浓郁。

除了正式菜点，广东的小食、点心也制作精巧，而各地的饮食风俗也有其独到之处，如广州的早茶、潮汕的功夫茶，这些饮食风俗已经超出"吃"的范畴，成为广东的饮食文化。

天上飞的，地上爬的，水中游的，几乎都能上席。飞禽野味自不必说；基本上，只有你想不到的，没有粤菜厨师做不到的。而且一经厨师之手，不管什么样的食材，都会瞬间就变成美味佳肴。

盘中的历史

粤菜源远流长，历史悠久。它同其他地区的饮食和菜系一样，都有着中国饮食文化的共同性。早在远古时期，岭南古越族就与中原楚地有着密切的交往。随着历史变迁和朝代更替，许多中原人为逃避战乱而南渡，汉越两族日渐融合。中原文化的南移，促使中原饮食制作的技艺、炊具、食具和百越农渔的丰富物产的

粤菜

结合，这就是粤式饮食的起源。

南宋以后，粤菜的技艺和特点日趋成熟。这同宋朝南迁，众多御厨和官府厨师云集于粤，特别集中于羊城有关。唐代开始，广州成为我国主要的进出贸易口岸，是世界有名的港口。宋、元之后，广州成为内外贸易集中的口岸和港口城市，商业日益兴旺，带动了饮食服务作为一个商业行业发展起来，为粤式饮食特别是粤菜的成长提供了一个非常重要的条件和场所。

粤点

明清两代，是粤菜、粤点、粤式饮食真正的成熟和发展时期。这时的广州已经成为一座商业大城市，粤菜、粤点和粤式饮食真正成为了一个体系。闹市通衢遍布茶楼、酒店、餐馆和小食店，各个食肆争奇斗艳，食品之丰，款式之多，世人称绝，渐渐有"食在广州"之说。

粤菜系的形成和发展与广东的地理环境、经济条件和风俗习惯密切相关。广东地处亚热带，濒临南海，雨量充沛，四季常青，物产富饶。

在此以前，唐代诗人韩愈被贬至潮州，在他的诗中描述潮州人食鲨、蛇、蒲鱼、青蛙、章鱼、江瑶柱等数十种异物，韩愈感到很不是滋味。但到南宋时，章鱼等海味已是许多地方菜肴的上品佳肴。在配料和口味方面，采用生食的方法。到后来生食猪牛羊鹿已不多，但生食鱼片，包括生吃鱼粥等习惯保留至今。而将白切鸡以仅熟，大腿骨带微血为准，则于今仍是如此。将粤菜的刀工精巧，配料讲究相得益彰，口味注重清而不淡等特点，表现得淋漓尽致。

章鱼

粤菜还善于取各家之长，为我所用，常学常新。苏菜系中的名菜松鼠鳜鱼饮誉大江南北，但不能上粤菜宴席。虽粤人喜食鼠肉，但鼠辈之名不登大雅之堂。粤菜名厨运用娴熟的刀工将鱼改成小菊花型，名为菊花鱼。如此一改，能一口一块，用筷子及刀叉食用都方便、卫生，苏菜经过改造，便成了粤菜。此外，粤菜烹调方法中的泡、扒、烤、氽是从北方菜的爆、扒、烤、氽移植而来。而煎、炸的新法是吸取西菜同类方法改进之后形成的。

食物的故事

羊城雕塑

古时候，历代王朝派来治粤和被贬的官吏等都带来北方的饮食文化，其间还有许多官厨高手或将他们的技艺传给当地的同行，或是在市肆上各自设店营生，将各地的饮食文化直接介绍给岭南人民，使之成为粤菜的重要组成部分。汉代以后，广州成为中西海路的交通枢纽；唐代外商大多聚集在羊城，商船结队而至。当时广州地区的经济与内陆各地相比，发展较快。

粤菜的影响较为广泛。据近年来的一些报刊介绍，目前的美国有中国餐馆近万家；英国有4000家；法国、荷兰各有2000多家；日本不下数千家。这些地方的中国餐馆多数是粤式茶楼、菜馆，生意很旺。如澳大利亚的悉尼市，在"唐人街"的影响下，饮茶已成为一个专门名词，凡到悉尼市游览的人都以到"唐人街"享受一下粤式饮茶用餐的韵味为时尚。粤菜独特的清淡风味独领风骚，以"食在广州"的声誉驰名中外。

"食在广州"还离不开广东饮茶，它实际是变相的吃饭，各酒楼、酒店，茶楼均设早、午、晚茶，饮茶也就与谈生意、听消息、会朋友连在一起了。广东饮茶离不开茶、点心、粥、粉、面，还有一些小菜。值得一提的是潮汕工夫茶，它备用特制的微型茶壶、白瓷小杯和乌龙茶，斟茶时有"关公巡城"和"韩信点兵"两步，所冲的茶浓香带苦，让人回味无穷。广东点心是中国面点三大特式之一，历史悠久、品种繁多，五光十色，造型精美且口味新颖，别具特色。

广东粥的特点是粥米煮开花和注意调味，有滑鸡粥、鱼生粥、及第粥和艇仔粥。广东粉为沙河粉，软中带韧。广东面以"伊府面"最为出名。

粤菜广采"京都风味"、"姑苏风味"和"扬州炒卖"之长，贯通中西，扬名海内外。

伊府面

广州菜包括珠江三角洲等地的名食在内。地域最广，用料庞杂，选料精细，技艺精良，善于变化，风味讲究，清而不淡，鲜而不俗，嫩而不生，油而不腻。夏秋力求清淡，冬春偏重浓郁，擅长小炒，要求掌握火候和油温恰到好处。

广州菜取料广泛，品种花样繁多，令人眼花缭乱。天上飞的，地上爬的，水中游的，几乎都能上席。

广州菜的另一突出特点是，用量精而细，配料多而巧，装饰美而艳，而且善于在模仿中创新，品种繁多，1965年"广州名菜美点展览会"介绍的广州菜就有5457种之多。广州菜的第三个特点是，注重质和味，口味比较清淡，力求清中求鲜、淡中求美。食味讲究清、鲜、嫩、爽、滑、香；调味遍及酸、甜、苦、辣、咸；此即所谓五滋六味。

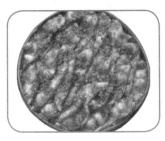

客家菜

东江菜又称客家菜。客家人原是中原人，在汉末和北宋后期因避战乱南迁，聚居在广东东江一带。其语言、风俗尚保留中原固有的风貌，菜品多用肉类，极少水产，主料突出，讲究香浓，下油重，味偏咸，以砂锅菜见长，有独特的乡土风味。

东江菜以惠州菜为代表，下油重，口味偏咸，酱料简单，但主料突出。喜用三鸟、畜肉，很少配用菜蔬，河鲜海产也不多。

潮汕菜故属闽地，其语言和习俗与闽南相近。隶属广东之后，又受珠江三角洲的影响。故潮州菜接近闽、粤，汇两家之长，自成一派。

潮州菜以烹调海鲜见长，刀工技术讲究，口味偏重香、浓、鲜、甜。喜用鱼露、沙茶酱、梅羔酱、姜酒等调味品，甜菜较多，款式百种以上，都是粗料细作，香甜可口。潮州菜的另一特点是喜摆十二款，上菜次序又喜头、尾甜菜，下半席上咸点心。秦以前潮州属闽地，其语系和风俗习惯接近闽南而与广州有别，因渊源不同，故菜肴的特色也有别。

沙茶酱

粤菜系还有一派海南菜，菜的品种较少，但具有热带食物特有的风味。

20. "佛闻弃禅跳墙来" 的闽菜

你们知道吗

佛跳墙

妈妈，佛跳墙是一道什么样的菜啊？为什么会有那么多人对一道菜念念不忘呢？

爸爸，关于一道菜，怎么会有这么多的传说呢？这样的一道菜为什么会被那么多人喜欢，并且多次登上国宴的舞台呢？

食物如是说

佛跳墙是福州的传统名菜，也是闽菜中的代表之作。这道最有特点的闽菜迄今为止已经有了将近100多年的历史。这道著名的闽菜是聚春园餐馆老板郑春发研发和创造的。

1965年和1980年分别在广州南园和香港，以烹制佛跳墙为主的福州菜引起轰动，在世界各地掀起了佛跳墙热。各地华侨开设的餐馆多用自称正宗的佛跳墙菜招徕顾客。佛跳墙还在接待西哈努克亲王、美国总统里根、英国女王伊丽莎白等国家元首的国宴上登过席，深受赞赏，此菜因而更加闻名于世。

盘中的历史

佛跳墙原名福寿全。1899年的时候，福州官钱局的一位官员宴请福建布政使周莲。这位官员为了巴结周莲，让自己的内眷亲自主厨，用绍兴酒坛装鸡、鸭、羊肉、猪肚、鸽蛋及海产品等十多种原、辅料，煨制而成，取名福寿全。周莲尝后，赞不绝口。

鸽蛋

后来，衙门里的大厨郑春发学会了做这道菜，并且对这道菜进行了改良。等到郑春发离开衙门开设属于自己的"聚春园"时，凭借这一道菜轰动了整个榕城。

有一次，一批文人墨客来尝此菜，当福寿全上席启坛时，荤香四溢，其中一秀才心醉神迷，触发诗兴，当即漫声吟道："坛启荤香飘四邻，佛闻弃禅跳墙来。"从此即改名为佛跳墙。

蹄尖

"佛跳墙"即"满坛香"，又名"福寿全"，是福州的首席名菜。关于佛跳墙还有一个传说。唐朝的高僧玄荃在往福建少林寺途中，传经路过"闽都"福州，夜宿旅店，正好隔墙贵官家以"满坛香"宴奉宾客，高僧嗅之垂涎三尺，顿弃佛门多年修行，跳墙而入，一享"满坛香"。"佛跳墙"即因此而得名。

佛跳墙以18种主料、12种辅料互为融合。其间几乎囊括人间美食，如鸡鸭、羊肘、猪肚、蹄尖、蹄筋、火腿、鸡鸭肫；如鱼唇、鱼翅、海参、鲍鱼、干贝、鱼高肚；如鸽蛋、香菇、笋尖、竹蛏。三十多种原料与辅料分别加工调制后，分层装进坛中，就好像一部野心勃勃的贺岁片，大腕荟萃自然不同凡响。

佛跳墙之煨器，多年来一直选用绍兴酒坛，坛中有绍兴名酒与料调合。煨佛跳墙讲究储香保味，料装坛后先用荷叶密封坛口，然后加盖。煨佛跳墙之火种应为质纯无烟的炭火，旺火烧沸后再用微火煨五六个小时。如今有的酒店宣扬自己的菜品如何香气扑鼻，与佛跳墙相比的确欠一点含蓄。真正的佛跳墙在煨制过程中几乎没有香味冒出，反而在煨成开坛之时，只需略略掀开荷叶，便有酒香扑鼻，直入心脾。盛出来汤浓色褐，却厚而不腻。食时酒香与各种香气混合，香飘四座，烂而不腐，口味无穷。

荷叶

食物的故事

佛跳墙现在依旧是福州一道集山珍海味之大全的传统名菜，誉满中外，被各地烹饪界列为福建菜谱的"首席菜"，至今已有百余年的历史。如此美味佳肴，何以叫"佛跳墙"？以下为民间流传和学者研究的多种典故。

有一种说法是：在福建当地的风俗里，新媳妇出嫁后的第三天，要亲自下厨露一手做饭的手艺，证明自己可以侍奉公婆，并以此获得公婆的欣赏。传说一位富家女，娇生惯养，不习厨事，出嫁前夕愁苦不已。她母亲便把家里的山珍海味都拿出来做成各式菜肴，一一用荷叶包好，告诉她如何烹煮。谁知这位小姐竟把烧制方法忘光，情急之间就把所有的菜一股脑儿倒进一个绍酒坛子里，盖上荷叶，撂在灶头。第二天浓香飘出，合家连赞好菜，这就是"十八个菜一锅煮"的"佛跳墙"的来头了。

还有一种说是：有一群乞丐每天提着陶钵瓦罐四处讨饭，把讨来的各种残羹剩菜倒在一起烧煮，热气腾腾，香味四溢。和尚闻了，禁不住香味引诱，跳墙而出，大快朵颐。有诗为证："酝启荤香飘四邻，佛闻弃禅跳墙来。"

由于佛跳墙是把几十种原料煨于一坛，既有共同的荤味，又保持各自的特色。吃起来软嫩柔润，浓郁荤香，又荤而不腻；各料互为渗透，味中有味。同时营养价值极高，具有补气养血、清肺润肠、防治虚寒等功效。上席时如配以蓑衣萝卜一碟、油芥辣一碟、火腿拌豆芽心一碟、冬菇炒豆苗一碟，再用银丝卷、芝麻烧饼佐食，更是妙不可言，其味无穷。

蓑衣萝卜

知识延伸

佛跳墙不仅口感好，味道极佳，还有着很多的营养，这从佛跳墙所使用的原料中就可见一斑。

鱼翅胶质丰富、清爽软滑，是一种高蛋白、低糖、低脂肪的高级食品。鱼翅含降血脂、抗动脉硬化及抗凝成分，对心血管系统疾患有防治功效；鱼翅含有丰富的胶原蛋白，有利于滋养、柔嫩皮肤黏膜，是很好的美容食品。鱼翅味甘、咸，性平，能渗湿行水，开胃进食，清痰消淤积，补五脏，长腰力，益虚痨。

鱼翅

野鸡肉的钙、磷、铁含量较一般的鸡高很多，并且富含蛋白质等营养，对贫血患者、体质虚弱的人是很好的食疗补品。野鸡肉还有健脾养胃、增进食欲、止泻的功效。野鸡肉有祛痰补脑的特殊作用，能治咳痰和预防老年痴呆症，是野味中的名贵之品。中医认为，野鸡肉性温平而味甘，有补中益气、健脾止泄之功效，适宜于脾胃气虚下痢、病后体弱、食欲不振、小便频多之人食用。

野鸡

鸡肉肉质细嫩，滋味鲜美，并富有营养，有滋补养身的作用。鸡肉中蛋白质的含量比例很高，而且消化率高，很容易被人体吸收利用，有增强体力、强壮身体的作用。鸡肉含有对人体生长发育有重要作用的磷脂类，是中国人膳食结构中脂肪和磷脂的重要来源之一。鸡肉对营养不良、畏寒怕冷、乏力疲劳、月经不调、贫血、虚弱等有很好的食疗作用。

竹笋富含B族维生素及烟酸等招牌营养素，具有低脂肪、低糖、多膳食纤维的特点，本身可吸附大量的油脂来增加味道。所以，肥胖的人如果经常吃竹笋，每顿饭进食的油脂就会被它所吸附，降低了胃肠黏膜对脂肪的吸收和积蓄，从而达到减肥目的。竹笋还含大量纤维素，不仅能促进肠道蠕动、去积食、防便秘，而且也是肥胖者减肥佳品，并能减少与高脂有关的疾病。由于竹笋富含烟酸、膳食纤维等，能促进肠道蠕动、帮助消化、消除积食、防止便秘，有一定的预防消化道肿瘤的功效。

21. 重油、重色、重火功的徽菜

你们知道吗

妈妈，电视里提到的徽菜真的那么好吃吗？
爸爸，为什么臭的东西也可以成为一道名菜呢？徽菜和其他的菜相比，有什么独特之处呢？

徽菜

食物如是说

徽菜，讲究色、香、味、形俱全，尤其注重火功，故徽菜香味不走，汤浓味醇，透烂之渣令人回味无穷。

徽菜风味包括皖南、沿江、沿淮之地的菜点特色。皖南菜包括黄山、歙县(古徽州)、屯溪等地，讲究火功，善烹野味，量大油重，朴素实惠，保持原汁原味。不少菜肴都是取用木炭小火炖、烧、蒸而成，汤清味醇，原锅上席，香气四溢。皖南虽水产不多，但烹制经腌制的"臭桂鱼"知名度很高。

臭桂鱼

沿江菜以芜湖、安庆地区为代表，以后也传到合肥地区，它以烹制河鲜、家畜见长，讲究刀工，注意色、形。善用糖调味，尤以烟熏菜肴别具一格。沿淮菜以蚌埠、宿县、阜阳等地为代表，菜肴讲究咸中带辣，汤汁色浓口重，亦惯用香菜配色和调味。

盘中的历史

皖南的徽州菜是徽菜系的主要代表，起源于黄山麓下的歙县，即古代的徽州。后因新安江畔的屯溪小镇成为"祁红"、"屯绿"等名茶和徽墨、歙砚等土特产品的集散中心，商业兴旺，饮食业发达，徽菜的重点逐渐转移到屯溪，在这里得到进一步发展。宋高宗曾问歙味于学士汪藻，汪藻举梅圣俞诗对答"雪天牛尾狸，沙地马蹄鳖"。牛尾狸即果子狸，又名白额。徽菜系在烹调技艺上擅长烧、炖、蒸，而爆、炒菜较少，重油、重色、重火功。

宋高宗

徽菜发端于唐宋，兴盛于明清，民国间继续发展，建国后进一步发扬光大。徽菜具有浓郁的地方特色和深厚的文化底蕴，是中华饮食文化宝库中一颗璀璨的明珠。

徽菜的形成与古徽州独特的地理环境、人文环境、饮食习俗密切相关。绿树丛荫、沟壑纵横、气候宜人的徽州自然环境，为徽菜提供了取之不尽、用之不竭的徽菜原料。得天独厚的条件成为徽菜发展的有力物质保障，同时徽州名目繁多的风俗礼仪、时节活动也有力地促进了徽菜的形成和发展。在绩溪，民间宴席中，县城有六大盘、十碗细点四，岭北有吃四盘、一品锅，岭南有九碗六、十碗八等。

汪华

徽州地处山区，历少战乱，自唐宋以来中原大批移民南迁徽州一带，聚族而居，建祠修谱，形成严密的宗族制度。各族、派均有自己信仰和崇拜的偶像，为祀神礼佛，民间便产生了各具特色的食用供品，最典型的莫过于祭祀隋末农民起义领袖汪华的"赛琼碗"活动了。这一年一度的祭拜活动在集中展示汪氏族人所精心烹制的数百碗供品的同时，也造就了一代代民间烹饪家。

明代晚期至清代乾隆末年是徽商的鼎盛时期，实力及影响力位居全国10大商帮之首，其足迹几遍天下，徽菜也伴随着徽商的发展逐渐声名远扬。哪里有徽商，哪里就有徽菜馆。徽州人在全国各地开设徽馆达上千家，仅上海就有一百四十多家，足见其涉及面之广，影响力之大。

在悠久的历史长河中，徽菜经过历代徽厨的辛勤劳动，兼收并蓄，不断总结，不断创新。以就地取材，选料严谨，巧妙用火，功夫独特，擅长烧炖，浓淡适宜，讲究食补，以食补身，注重文化，底蕴深厚的特点而成为雅俗共赏、南北兼宜、独具一格、自成一体的著名菜系。

食物的故事

徽菜的特点究竟是什么呢？很长一段时间以来，人们对徽菜特点的描述是"重油、重色、重火功"。这种说法到底对不对？肯定它，就意味着徽菜将远离市场的青睐；否定它，将可能犯"众叛亲离"的大忌。其实，我们对徽菜需要深入地认识和理解，把当初的精湛技艺用发展的态势表现出来。

首先，在当时的社会生产生活条件下，菜肴油重是由于徽州山区生活环境和民间传统食俗的影响而形成的。但后来的"三重"已发展成新的内涵。重油，主要指讲究用油的品种搭配，掌握用油的时间和方法；重火功，则根据不同原料要求，采取旺火快炒、烈火炸、文火炖等；重色，指重视色调的搭配和造型，有的徽菜犹如朵朵鲜花组成的一幅画。再加上以火腿佐味、冰糖提鲜、料酒除腥引香，使徽菜的独特风味更加鲜明。

火腿

其次，透过现象看本质，"三重"是徽菜的表现形式，是方法，而不是本质，它的本质特征应该是"原汁原味"，是体现原料的本味。味是菜肴的根本。原汁原味是徽菜最根本的特色与独到之处。这是最具纯天然的科学烹调方法。"原汁原味"其实就是"百菜百味"。徽菜擅长炒、炸、炖、熘、焖，能充分发挥原料本身的滋味，徽菜为了体现"原汁原味"的精髓，在用料上讲求新鲜活嫩，即使是用干货，也讲究"纯天然"；在调味上坚持以葱、姜去异味，以高汤引味，以火腿助味，以冰糖提鲜，以自制的土酱调色增香；在烹调方法上以烧、炖、蒸见长，兼用烹、炒、炸、熏，因料制菜，综合运用各种独到的技法，达到原汁原味的效果。

葛粉元子

其三，油重的菜是根据原料特性和主辅料的搭配而定，主要表现在以山珍为主配料的品种上，如问政山笋、茶笋老鸭煲、红袍炖蹄、黄山双石、葛粉元子等，这些经典菜肴今天仍然很受欢迎。徽菜重色而绝不重"黑"。"生烧肉元"并不采用流行的"先炸后烧"。"软炸石鸡"同样是炸，但色彩都十分亮丽，引人食欲。

知识延伸

徽菜的传统品种多达千种以上，其风味包含皖南、沿江、沿淮三种地方菜肴的特色。皖南以徽州地区的菜肴为代表，是徽菜的主流与渊源。其主要特点是喜用火腿佐味，以冰糖提鲜，善于保持原料的本味、真味，口感以咸、鲜、香为主，放糖不觉其甜。沿江风味盛行于芜湖、安庆及巢湖地区，以烹调河鲜、家禽见长，讲究刀功，注重形色，善于以糖调味，擅长烧、炖、蒸和烟熏技艺，其菜肴具有清爽、酥嫩、鲜醇的特色。沿淮菜是以黄河流域的蚌埠、宿县、阜阳的地方菜为代表，擅长烧、炸、熘等烹调技法，爱以莞荽、辣椒调味配色，其风味特点是咸、鲜、酥脆、微辣，爽口，极少以糖调味。

徽菜的烹饪技法，包括刀功、火候和操作技术，徽菜之重火功是历来的优良传统，其独到之处集中体现在擅长烧、炖、熏、蒸类的功夫菜上，不同菜肴使用不同的控火技术是徽帮厨师造

徽菜——八公山豆腐

诣深浅的重要标志，也是徽菜能形成酥、嫩、香、鲜独特风格的基本手段，徽菜常用的烹饪技法约有20大类50余种，其中最能体现徽式特色的是滑烧、清炖和生熏法。

徽菜经过近千年的发展，不仅拥有一大批脍炙人口的名菜名点、美味佳肴，还涌现一批著名的餐馆。

22. 咸鲜嫩脆，味厚醇正的鲁菜

鲁菜——四喜丸子

八大菜系之一的鲁菜发源于春秋战国时的齐国和鲁国，也就是现在的山东一带，鲁菜在秦汉时开始成形。到了宋代后，鲁菜就成为"北方美食"的代表。到了现在，鲁菜已经成为了我国覆盖面最广的地方风味菜系，遍及京津唐及东北三省。

鲁菜以其味鲜咸脆嫩，风味独特，制作精细享誉海内外。齐鲁大地就是依山傍海，物产丰富。经济发达的美好地域，为烹饪文化的发展、山东菜系的形成提供了良好的条件。早在春秋战国时代，齐桓公的宠臣易牙就曾是以"善和五味"而著称的名厨；南朝时，高阳太守贾思勰在其著作《齐民要术》中，对黄河中下游地区的烹饪术作了较系统的总结，记下了众多名菜的做法，反映当时鲁菜发展的高超技艺；唐代，段文昌，山东临淄人，穆宗时任宰相，精于饮食，并自编食经五十卷，成为历史掌故。到了宋代，宋都汴梁所作"北食"，即鲁菜的别称，已具规模。明清两代，已经自成菜系，从齐鲁而北京一带，从关内到关外，影响所及已达黄河流域、东北地带，有着广阔的饮食群众基础。

山东古为齐鲁之邦，地处半岛，三面环海，腹地有

贾思勰

丘陵平原，气候适宜，四季分明。海鲜水族、粮油畜牲、蔬菜果品、昆虫野味一应俱全，为烹饪提供了丰盛的物质条件。庖厨烹技全面，巧于用料，注重调味，适应面广。

其中尤以"爆、炒、烧、塌"等最有特色。正如清代袁枚称："滚油炮炒，加料起锅，以极脆为佳。此北人法也。"瞬间完成，营养素保护好，食之清爽不腻；烧有红烧、白烧，著名的"九转大肠"是烧菜的代表；"塌"是山东独有的烹调方法，其主料要事先用调料腌渍入叶或夹入馅心，再沾粉或挂糊，两面塌煎至金黄色，放入调料或清汤，以慢火收尽汤汁。使之浸入主料，增加鲜味。

鲁菜在烹制海鲜的时候有独到之处。对海珍品和小海味的烹制堪称一绝。在山东，无论是参、翅、燕、贝，还是鳞、介、虾、蟹，经当地厨师妙手烹制，都可成为精彩鲜美的佳肴。仅胶东沿海生长的比目鱼，运用多种刀工处理和不同技法，可烹制成数十道美味佳肴，其色、香、味、形各具特色，百般变化于一鱼之中。以小海鲜烹制的"油爆双花"、"炸蛎黄"以及用海珍品制作的"蟹黄鱼翅"、"扒原壳鲍鱼"、"绣球干贝"等，都是独具特色的海鲜珍品。

鲁菜善于以葱香调味，在菜肴烹制过程中，不论是爆、炒、烧、馏，还是烹调汤汁，都以葱丝爆锅，就是蒸、扒、炸、烤等菜，也借助葱香提味，如"烤鸭"、"烤乳猪"、"锅烧肘子"、"炸脂盖"等，均以葱段为佐料。

随着历史的演变和经济、文化、交通事业的发展，鲁菜又逐渐形成了济南、胶东两地分别代表内陆与沿海的地方风味。

蟹黄鱼翅

盘中的历史

山东菜可分为济南风味菜、胶东风味菜、济宁菜和其他地区风味菜，并以济南菜为典型，煎炒烹炸、烧烩蒸扒、煮余熏拌、溜炝酱腌等很多种烹饪方法。

山东菜

济南菜以清香、脆嫩、味厚而纯正著称，特别精于制汤，清浊分明，堪称一绝。胶东风味亦称福山风味，包括烟台、青岛等胶东沿海地方风味菜。

该菜精于海味，善做海鲜，珍馐佳品，肴多海味，且少用佐料提味。此外，胶东菜在花色冷拼的拼制和花色热菜的烹制中独具特色。孔府菜做工精细，烹调技法全面，尤以烧、炒、煨、炸、扒见长，而且制作过程复杂。以煨、炒、扒等技法烹制的菜肴往往要经过三四道程序方能完成。

芙蓉干贝

孔府历来十分讲究盛器，银、铜等名质餐具俱备。孔府菜的命名也极为讲究，寓意深远。

黄河鲤鱼

经过长期的发展和演变，鲁菜系逐渐形成包括青岛在内，以福山帮为代表的胶东派，以及包括德州、泰安在内的济南派两个流派，并有堪称"阳春白雪"的典雅华贵的曲阜孔府菜，还有星罗棋布的各种地方菜和风味小吃。胶东菜擅长爆、炸、扒、熘、蒸；口味以鲜夺人，偏于清淡；选料则多为明虾、海螺、鲍鱼、蛎黄、海带等海鲜。其中名菜有"扒原壳鲍鱼"，主料为长山列岛海珍鲍鱼，以鲁菜传统技法烹调，鲜美滑嫩，催人食欲。其他名菜还有蟹黄鱼翅、芙蓉干贝、烧海参、烤大虾、炸蛎黄和清蒸加吉鱼等。

济南派则以汤著称，辅以爆、炒、烧、炸，菜肴以清、鲜、脆、嫩见长。其中名肴有清汤什锦、奶汤蒲菜，清鲜淡雅，别具一格。而里嫩外焦的糖醋黄河鲤鱼、脆嫩爽口的油爆双脆、素菜之珍的锅豆腐，则显示了济南派的火候功力。清代光绪年间，济南九华林酒楼店主将猪大肠洗涮后，加香料开水煮至软酥取出，切成段后，加酱油、糖、香料等制成又香又肥的红烧大肠，闻名于世。后来在制作上又有所改进，将洗净的大肠入开水煮熟后，入油锅炸，再加入调味和香料烹制，此菜味道更鲜美。文人雅士根据其制作精细如道家"九炼金丹"一般，将其取名为"九转大肠"。

芸豆

泉城济南，自金、元以后便设为省治，济南的烹饪大师们利用丰富的资源，全面继承传统技艺，广泛吸收外地经验。把东路福山、南路济宁、

梁山菜

曲阜的烹调技艺融为一体，将当地的烹调技术推向精湛完美的境界。济南菜取料广泛，高至山珍海味，低至瓜、果、菜、蔬，就是极为平常的蒲菜、芸豆、豆腐和畜禽内脏等，一经精心调制，即可成为脍炙人口的美味佳肴。济南菜讲究清香、鲜嫩、味纯，有"一菜一味，百菜不重"之称。鲁菜精于制汤，则以济南为代表。济南的清汤、奶汤极为考究，独具一格。在济南菜中，用爆、炒、烧、炸、塌、扒等技法烹制的名菜就达二三百种之多。济南饮食业历来十分兴盛，原有的聚丰德、燕喜堂、汇泉楼等曾久负盛名的老店，均以经营山东传统风味菜闻名遐迩。

济宁菜是以运河为根基，以孔子的"食不厌精、脍不厌细"饮食理念为指导思想，以"鱼米之乡"盛产的鱼虾为原料，兼融南北风味，经多年形成的重色、重味、重火候、重形态的美味菜品。特别是淡水鱼菜、素菜的制作非常讲究，烹调技艺突显个性，是鲁菜的基础和重要组成部分。济宁菜起源于鲁国，发展于运河的贯通，受孔子饮食思想的影响，得益于

海蟹

幅员辽阔的山川、河流、湖泊、平原丰富的物产，为济宁菜的形成与发展奠定了基础。济宁菜的构成：济宁本土菜、济宁会馆菜、孔府菜、微山淡水鱼菜、梁山菜、清真菜、寺院菜等。

烟台菜属胶东风味，以烹制海鲜见长。胶东菜源于福山，距今已有百余年历史。福山地区作为烹饪之乡，曾涌现出许多名厨高手，通过他们的努力，使福山菜流传于省内外，并对鲁菜的传播和发展做出了贡献。烟台是一座美丽的海滨城市，山清水秀，果香鱼肥，素有"渤海明珠"的美称。"灯火家家市，笙歌处处楼"，是历史上对烟台酒楼之盛的生动写照。以烟台为代表，仅用海味制作的宴席，如全鱼席、鱼翅席、海参席、海蟹席、小鲜席等，构成品类纷繁的海味菜单。著名的风味饭店有蓬莱春、会宾楼、松竹杯、天鹅饭店等，都以经营传统胶东风味菜而著称。

食物的故事

孔府菜

烟台不仅有景色秀丽的海滨风光供人游览，也以善烹海鲜驰名，基本属于福山风味，但又不乏本地特色，鲁菜海鲜的味道注重清淡、鲜嫩，讲究花色造型。随着对外开放和旅游事业的发展，青岛市为数众多的宾馆饭店争相开业；一些历史名店、老店，经过装饰改造，也获得新生。被誉为岛上明珠的青岛饭店，以其设备整洁典雅，菜品精细味美，服务热情周到而著称。

出于曲阜的孔府菜历史悠久、用料讲究，刀工细腻、烹调程序严格、复杂，口味讲究清淡鲜嫩、软烂香醇、原汁原味，对菜点制作精益求精，始终保持传统风味，是鲁菜中的佼佼者。原曾封闭在府内的孔府菜，20世纪80年代以来也走向了市场，济南、北京都开办了"孔膳堂"。

鲁西、鲁北禽蛋菜、泰安以豆制品为主要原料的素菜，以及鲁中地区具有齐国遗风的肉、鱼菜，各具特色。

鲁菜正是集山东各地烹调技艺之长，兼收各地风味之特点而又加以发展升华，经过长期的历史演化而形成的，20世纪80年代以来，国家和政府将鲁菜烹饪艺术视作珍贵的民族文化遗产，采取了继承和发扬的方针，从厨的一代新秀在茁壮成长，他们正在为鲁菜的继续发展做出新的贡献。

知识延伸

鲁菜最突出的有五大特点。

其一，鲁菜以咸鲜为主，突出本味，擅用葱姜蒜，原汁原味。

葱烧海参

鲁菜一般都选择原料质地优良，以盐提鲜，以汤壮鲜，调味讲求咸鲜纯正。大葱为山东特产，多数菜肴要用葱姜蒜来增香提味，炒、熘、爆、扒、烧等方法都要用葱，尤其是葱烧类的菜肴，更是以拥有浓郁的葱香为佳，如葱烧海参、葱烧蹄筋；喂馅、爆锅、凉拌都少不了葱姜蒜。海鲜类量多质优，异腥味较轻，鲜活者讲究原汁原味，虾、蟹、贝、蛤，多用姜醋佐食；燕窝、鱼翅、海参、干鲍、鱼皮、鱼骨等高档原料，质优味寡，必用高汤提鲜。

其二，鲁菜以"爆"见长，注重火功。

鲁菜的突出烹调方法为爆、扒、拔丝，尤其是爆、扒素为世人所称道。爆，分为油爆、盐爆、酱爆、芫爆、葱爆、汤爆、水爆、宫保、爆炒等，充分体现了鲁菜在用火上的功夫。因此，世人称之为"食在中国，火在山东"。

其三，鲁菜精于制汤，注重用汤。

鲁菜以汤为百鲜之源，讲究"清汤"、"奶汤"的调制，清浊分明，取其清鲜。清汤的制法，早在《齐民要术》中已有记载。

其四，鲁菜烹制海鲜有独到之处。

鲁菜对海珍品和小海味的烹制堪称一绝。山东的海产品，不论参、翅、燕、贝，还是鳞、蚧、虾、蟹，经当地厨师的妙手烹制，都可成为精鲜味美之佳肴。

鲁菜奶汤

其五，鲁菜丰满实惠、风格大气。

山东民风朴实，待客豪爽，在饮食上大盘大碗丰盛实惠，注重质量，受孔子礼食思想的影响，讲究排场和饮食礼节。正规筵席有所谓的"十全十美席"、"大件席"、"鱼翅席"、"翅鲍席"、"海参席"、"燕翅席"等，都能体现出鲁菜典雅大气的一面。

23. 恐怖的"美味佳肴"

你们知道吗

妈妈，食物带给我们的是愉悦和饱食感，可是被我们吃下去的东西会有什么感觉呢？

爸爸，听说有人生吃猴脑，这是真的吗？真的有这么恐怖的菜肴吗？有哪些著名的菜会让人觉得恐怖呢？

这些下面都会告诉你的。

猴子

食物如是说

在中国有着悠久历史的饮食文化中，人们的饮食习惯已经由远古时代的生吃逐渐地演变为现代社会的熟食。在这之中，烹饪技巧也得到了进一步的提高。中国饮食文化一直有一种理念，那就是"养助益充"，其实所谓的养助益充其实就是主张在饮食的过程中，主要以素食为主，并且重视药膳和进补，也就是我们现在说的食疗。它作为重要的一种饮食文化流传下来。

如今在中国的六万多种传统菜肴、两万多种工业食品以及各式各样的小点心中，绝大部分都是以"养助益充"为理论基础制作的，其中也有很多记录到"中国烹饪黑名单"中。在这些中，一部分是由于烹饪方法的不过关，另一部分是由于这种烹饪手法太过于残忍、血腥，给动物带来了巨大的灾难。

生鱼片

也许你会说日本总吃那些生鱼片、生海鲜之类的食物，但中国并不一样。中国自古就是以熟食为主，怎么会有那种血腥、残忍的饮食烹饪方法呢？

事实上，在我国尤其是南方的一些地区，确实存在着一种饮食习惯。尽管我国一再强调不允许采用这种方式烹饪，但在经济利益的诱惑下，这种方法至今都一直为民间所采用。

现今经科学家证实，当人们在残杀或者活吃动物的时候，动物的体内会因为恐惧和痛楚产生一种对人类健康具有一定危害的病菌和毒素。当一些"高尚"的人们在"享受"这种饮食带给他们的"快乐"时，这些人便走上了慢性自杀的道路。

这都是人们对动物残害所造成的恶果。我们能够做到的就是对这些小动物多一点爱护和关心。

接下来，我们就来了解一下这种"重口味"，相信在看过这些让人匪夷所思的"惊悚"菜肴之后，你会有另一种体会。

盘中的历史

20世纪30年代诞生于成都正兴园的醉虾，经过短短几年就已经闻名全国

醉虾

了。醉虾顾名思义就是将鲜活的虾放入美酒中，制作醉虾的方法，不禁会让我们想起商纣王时所建的"酒池肉林"，人在酒池中嬉戏，这不正与醉虾在"酒池"中醉死一样吗？虾放入酒中后不久便醉死在醇香的美酒中。这样，一盘带着虾的鲜香又具备酒的醇香的醉虾就制作完成了。虽然醉虾的制作过程简单，但在当时受到很多人的追捧。

醉虾中的鲜虾虽然是在不知不觉中死去，但这种方法并没有给其造成痛苦，但如果有一天，你醉得一塌糊涂的时候，被人们当作虾一般，成为了喝酒人的下酒菜时，那么，你将会怎么办呢？

风干鸡又叫做"刘皇叔婆子鸡"，是刘备的妻子孙尚香发明的。这种做法保留了鸡肉的鲜嫩、醇香，老少皆宜，距今已有3000年的历史了。

刘备

人们在做刘皇叔婆子鸡的时候需要有一定的技术和速度。在没有放血的情况下，拔净鸡毛，取出内脏，填入调料，上线缝合，大厨们对这些流程已经驾轻就熟了。这只鸡经过这次大手术后竟然还未断气就被大厨拿到通风处风干了。

这种方法也只能在古龙小说中可以找出：当西门吹雪与人对决的最后时

刘皇叔婆子鸡

刻，往往会使出他的必杀技，会在敌人的胸口上留下一个血洞。但不曾想这样的一种方式竟然出现在我国的烹饪领域。我想这只鸡也与西门吹雪的敌人类似，经过一番折腾后，低头一看才发现自己的毛没了，内脏也已经被换成了调料，这才恍然大悟：完了，完全中招了。

食物的故事

叫活驴的历史我们现在已经无从考证，但这种饮食方式却一直流传至今。也许很多人都不理解为什么这道菜会被称为"叫活驴"，难道老板不想挣钱了？当然不是，这家店的老板不但想挣钱，而且还想挣大钱，这道"叫活驴"不仅为老板迎来了新一轮的业绩高峰，而且还成为了老板的招牌菜。

叫活驴的驴肉是从活驴上直接割下来的。这种令人听着就毛骨悚然的做法确实存在于我们身边：人们在听着后厨驴的惨叫时，嘴里还嚼着驴肉，这种吃法确实体现出了中国饮食的特点"色香味'声''"俱全。

驴肉

记得《山海经》曾介绍：有一种东西叫做息肉，当人们将它杀了之后，它还会复生。在中国还有一种动物叫做安息牛，相传它的细胞可以再生，当人们割去它身上的一块肉后，几天后被割去的这部分就会自然愈合。但今天的驴不是息肉，不是安息牛，它普普通通，没有复生的本事。"叫活驴"的做法不禁会使人想起中国古代的一大酷刑——凌迟。

知识延伸

一群人围坐在一个中间镂空的圆桌边，桌子上的这个洞并不是用来放火锅或是麻辣烫的。工作人员将猴子的头顶从圆桌的小孔中伸出，并用金属圈套住，宛如唐僧为孙悟空带上紧箍咒一样熟练。之后工作人员便用一个小小的锤子轻轻一敲猴子的头顶，这只猴子的头盖骨应声落地。猴脑的整体构造就完全展现在食客的面前。嘴馋的人将手中的汤匙伸向这红白相间的猴脑。这时桌下那只垂死（这时也已经没有方法挣扎反抗了）的猴子一声惨叫，便拉开了活吃猴脑的序幕。

难以想象那些人究竟是如何吃下去的，桌下那只凄惨的猴子与桌上人们的谈笑风生形成了一种鲜明的对比。你可以想象，如果你现在还是一只猴子，恰巧又被选为猴脑的提供者，你将会是怎样的一种心情和感觉呢？

其实人类没权利为一己私欲来剥夺动物的生命。正如林基教授在《动物福音》中所说："一个对动物残酷、没有道德节制的世界，必定是一个危及人类的世界。"近些年来由动物引发出来的病理现象越来越多，这也许就是大自然向我们发出的警告。

大自然创造了人类，同样也创造了动物，动物并不是为了满足人们的口腹之欲而存在的。它们同样有自己的生存权利。

24. 厨神手中的"绝世灵宝"：食物中的香料

你们知道吗

妈妈，花也可以吃吗？桂花汤圆里真的是桂花吗？

爸爸，香料到底是什么呢？用于食物中的香料真的好神奇，我们是从什么时候开始把香料加进食物中的呢？

桂花汤圆

食物如是说

香料历史悠久，可追溯到5000年前的神农时期，那时就有人采集植物作为医药用品来驱疫避秽。当时人类对植物中挥发出的香气已经很重视了，人们发现闻到百花盛开的芳香时能感受到美感和香气快感。因此，上古时代就把这些有香物质作为敬神明、祭祀、清净身心和丧葬之用，后来逐渐用于饮食、装饰和美容上。在夏商周三代，对香粉胭脂就有记载，张华博载"纣烧铅锡作粉"，《中华古今注》中也提及"胭脂起于纣"，久云，"自三代以铅为粉，秦穆公女美玉有容，德感仙人，肖史为烧水银作粉与涂，亦名飞云丹，传以笛曲终而上升"，可见脂粉一类产品早在三代已使用。春秋以后，宫粉胭脂在民间妇女中也开始使用。阿房宫赋中描写宫女们消耗化妆品用量之巨，令人叹为观止。

香料在国外也有数千年的历史。1987年，人们发掘了公元前3500年埃及皇帝晏乃斯的陵墓，发现美丽的油膏缸内的膏质仍有香气，似是树脂或香膏。现在可在英国博物馆或埃及开罗博物馆看到。僧侣们可能是主要的采集、制造和使用香料者。

埃及人在公元前1350年沐浴时用香油或香膏，认为有益于肌肤，当时用的可能是百里香、牛至、没药、乳香等，而以芝麻油、杏仁油、橄榄油为介质。麝香用得也很早，约在公元前500年。公元7世纪埃及文化流传到希腊、罗马后，香料成为贵重物品即贵族阶级的嗜好品，他们为了从世界各地寻求香蕉及辛香料，推动了远洋航海，促进了新大陆的发现，对人类交通史大有贡献。

梅花粥

我国的饮食文化源远流长，香食更是其中的"名门望族"，像香羹、香饮、香膳一直从上古流传至今。如人们对姜、甘草、茴香等芳香植物在食物中多有涉及。作为去腥解毒、增进食欲、增加食物清香的调味品，人们将这些"香料"运用到各自的做菜方法中，如酱、卤、烧、炖等。桂花糖、梅花粥、苍耳饭等芳香食物都是中国古代人民创造和发明出来的。

盘中的历史

桂皮

仅从文献记载中来看，我国将香料运用到调味增香中，就可以追溯到神农氏时期，那个时期，椒桂等芳香植物已经被利用。到了春秋战国时期，人们对于香料的运用还是比较多的，西周时期所编著的《诗经》就是当时人们生活情况的全面写照，花椒、甘草等近六十种芳香植物的生长、采集与利用状况，在这本书中都可以找到。战国以后，随着人们知识面的越来越广，"农场"也是越来越大，人们常用的香料品种逐渐地丰富起来了。《周礼》、《礼记》中就记载了战国时期可以用于调味的芳香植物有芥、葱、蒜、梅等，其中记载的一些辛辣的调味品主要有花椒、桂皮、生姜等。那个时候，这些香料都是中国"原生态食品"，并且人们主要是直接食用这些"原生态食品"，并没有任何的加工。

到了汉至南北朝期间，陆上丝绸之路开通之后，西域及以外地区的饮食文化和一些香料传入中国，如马芹（孜然）、胡芹、胡椒等。调味品丰富起来后，中原除了本土的香料外，对于马芹、胡椒等外来香料也多有利用。

《齐民要术》中记载，在一些制作"鲤鱼汤"、"胡炮肉"、"五味脯"等菜肴时，都会讲求中西合璧，把本土香料与域外香料进行调味增香。在这期间，调味香料常常带有明显的地方特色。左思在所著的《蜀都赋》中提到："蜀地自古生产辛姜、菌桂、丹椒、茱萸、筍酱，所制作的菜肴以麻辣、辛香为特色。"由此可见，当时由于各地所生产的香料不同，所以才产生了不同地区对于食物风味的不同喜好，不同菜系的雏形在此时逐渐形成。

茱萸

唐宋之后，中外文化交流活跃，东南及西南各国基本都与中国建立了友好的邦交关系，各个国家所特产的一些像茉莉、豆蔻、干姜等可食用的香料，通过各国朝贡的大使或"贸易大队"等途径传入中国。香料的种类较唐宋之前，在记录方面有了空前的丰富。

宋代著名词人林洪，第一次在他所著的饮食文献《山家清供》中提到，把除去花蒂的桂花，洒上一些甘草水，并把它与米粉一起在锅里蒸，制作出来的点心称之为"广寒糕"。另外，用梅花与檀香制作的"梅花汤饼"，用菊花、橘子和螃蟹一起腌制的"蟹酿橙"，以及"梅粥"、"通神饼"、"梅花脯"、"牡丹生菜"等香花、香草食物的制作与功效，在《山家清洪》中都有记载。《山家清

洪》这本宋代最具代表性的饮食起居类文献，其中记录的内容大都如实地反映了该时期人们的日常生活状况，从这个片面的角度，我们可以看出当时芳香食物在民间的流行程度。

元代的《饮食须知》已经将菜类香料与调味类香料分开记载，并统称为食用香料。菜类香料包括韭菜、葱等。调味类香料包括食茱萸、胡椒等。这与我们现代分类大致是一样的。在烹饪食物去除腥臊膻气、增加香气的过程中，调味类是必不可少的。

梅花

食物的故事

由于现代人工作和生活节奏的不断加快，很多人用于做饭的时间越来越少了。如何在最快的时间内做出一顿营养丰富又美味可口的饭菜，成为家庭掌厨者们的一大愿望。另一方面，随着国外快餐连锁的大量涌入，中餐火锅等餐饮后厨化进程必须加快，而这些不同特征的餐饮业的发展则带动了各种类型的复合调味料的消费。在产品开发方面，方便调料呈现出更加多元化的特点。

一是针对不同食物原料开发的方便复合调味品。如鱼、肉、海鲜食品具有特定的风味，很多消费者不了解如何分别使用香辛料达到最佳的效果，而餐饮工业化进程的加快，也对厨师的上菜速度提出了更高的要求。开发出来的专用调料可以在很大程度上满足这方面的要求。

二是针对不同的烹调方法开发的方便复合调味品。如蒸菜调料、腌制调料、凉拌调料、煎炸调料、烧烤调料、煲汤调料、速食汤料等。

海鲜

火锅调料

三是改变产品的物理形式。由于香辛料鲜品储藏使用不便，则被制成汁、粉、蓉、精油等形式。增鲜调味料和复合调味料则制成膏、湖、汁、粉、块等多种形式。物理形态的改变，让此类调味品更加方便储存和使用。

四是拓展产品的使用范围。任何一类加工食品都需要配合使用专门的调味料。如方便面调料、火锅调料、速冻食品调料、微波食品调料、小食品调料、快餐食品调料、盖浇饭调料等。细分的品类为方便调料的产品开发提供了多种多样的选择，也为其进一步发展提供了广阔的市场。

知识延伸

第一次把调味类香料的配制方法，如"大料物法"、"省力物料法""一了百当"等，记载下来的就是明代的《便民图纂》。桂皮、良姜等香料在配制这些"物料法"的过程中都有作用，最后制作完成后用不同的形状区别，待需要用的时候，在食物中放入适当的调味料，搅拌均匀即可成为风味多样的一款美食。

栀子花

自清代以来，食用香料的利用方式与清代之前大体没发生变化，关于食用香料的记载也多为对香料功能与利用的总结。中国烹饪图书《养小录》中指出："牡丹花瓣、兰花、玉兰花瓣、蜡梅、萱花、茉莉、金雀花、玉簪花、栀子花、白芷等"可以用来制作香茶或香花菜肴，可以生吃，也可以熟吃。

25. 菜上有山水，盘里有诗歌

你们知道吗

爸爸，原来，有那么多诗句是形容食物的啊？
妈妈，这些食物被描绘得很美，真的有这么好吃吗？

食物如是说

"烹羊宰牛且为乐，会须一饮三百杯。"这是我国唐代诗人李白的名篇佳句，自古我国的诗人雅士就对酒有着一种割舍不断的刻骨柔情。以酒会友本来就是人生的一大快事，我国古代的文人雅士当然也不会独享坛中美酒了，于是，对酒的诗情，便留下了许多让如今的人们津津乐道的诗句。然而，我国的文人雅士对于下酒的美味佳肴却似乎不以为然，留下关于下酒菜的名篇佳句确实是少之又少。但在我国诗乡的国度中，文人雅士对于那些名菜的咏叹还是为我们留下了一些值得称道的名诗佳句。

我国历代诗人和文献记载中的名篇佳句更是在我国文化历史上画上了浓墨

土豆

重彩的一笔，如《诗篇·土豆歌》中赞美土豆风味的诗句："油炸肉炖皆可口，也喜素食也喜荤。"宋代苏东坡称赞豆豉口感香美、独特的诗句"谁能斗酒博西凉，但爱斋厨法豉香"等。这些诗所要表达的对象、内容尽管不同，但却都表现了人们对这些珍馐的喜爱。中国的菜影响了诗，诗更使中国的菜插上了翱翔的翅膀。菜与诗的互相影响，反映了我国饮食文化中的独特魅力。然而，诗歌对于我国饮食文化的魅力不仅仅只停留在概括性的描述上，更在于全方位地对我国饮食文化的描述上。

盘中的历史

赞扬菜的"色"。饭菜的色、香、味是古今中外饭菜的要求，而色是第一要求。这里所说的"色"专指食物的"品相"或"卖相"。一种好的卖相可以引起人们的食欲，孔子在《论语·乡党》中就曾提到过"色恶不食"的饮食标准，就是要求菜肴的颜色要纯正、好看，符合人们日常生活中的饮食习惯和欣赏要求。

明朝时的名菜"水母脍"，也就是今天的"冷拌海蜇"，因为它呈现出的晶莹剔透，让诗人谢宗可大为称赞："海气冻凝红玉脆，天

兔肉

风寒洁紫云腥。"如果说谢宗可的诗只是揭示"水母脍"在色泽上的特点"红玉"、"紫云"的话，那么宋代林龙发所描绘名菜"拨霞供"的"浪涌晴江雪，风翻晚照霞"，就将热气腾腾的浓汤比作波涛汹涌的"晴江雪"，把粉红色鲜美的兔肉比喻为"晴朗晚霞"的余辉，这样更具动态的美感，无疑其中更蕴含着色的神韵。

歌咏菜的"香"。一道菜具有飘香四溢的香气可以有效地刺激人的食欲。福建的名菜"佛跳墙"，是用鱼翅、鲍鱼、海参等和鸡、鸭蒸烧、煨制而成，其中所用到的原材料的各种香味融合到一起，香味浓郁。在出锅之时，整个房间都充满着诱人的香味，使当时的秀才们拍手称奇，趁着酒过三巡之际吟诗作赋："坛启荤香飘四邻，佛闻弃禅跳墙来。"其真正在嗅觉上抓住了人们的食欲，并引发出无限的遐想。

李流芳

而明代的李流芳对名菜"西湖莼菜汤"所发出的感叹："玻璃碗成碧玉光，五味纷错生馨香。出盘四座已叹息，举箸不敢争先尝。"这更使菜肴的香味上升到了更高的一种层次。试想：当你望着眼前的"碧玉光"，闻着菜肴所发出特别的"馨香"，沉醉之余竟然忘了拿起筷子，这是只有沉浸在如此"馨香"的氛围中才能体会到的举动。有谁在吃饭的时候不想多多地忘情一回？

感叹菜的"味"。菜肴本身就是供人品尝的，好的菜肴注重好看、好闻，但更注重好吃，味道、口感对于菜肴是至关重要的，因为只有味道是菜肴的根本，人们只有通过品尝之后，才能获得心理快感，否则，你的"色"再美，再飘香四溢，可味道不好，那也会使人们望而却步。

有的菜口感独特，如宋代杭州名菜"清蒸鲥鱼"就引来苏东坡的赞叹："芽姜紫醋炙银鱼，雪碗擎来二尺余，尚有桃花春气在，此中风味胜莼鲈。"

而有的菜是"五味"变幻无穷，如同时代的陆游对"东坡羹"（荠糁）赞不绝口："荠糁芳甘妙绝伦，啜来恍若在峨嵋。尊羹下豉知难敌，牛乳抨酥亦未珍。异味颇思修净供，秘方常惜授厨人。午窗自抚膨脖腹，好住烟

清蒸鲥鱼

村莫厌贫。"由此可以看出，这道羹比天下闻名的蓴菜羹、牛乳酥还要好吃，其一定如老子所说"令人口爽"。

称颂菜的"形"。厦门的名菜"半月沉江"，就是用面筋、香菇、冬笋、当归等原料烹制而成的一种菜肴。当年郭沫若游南普陀寺后进餐，见这道菜造型优美，就好像是有半轮明月沉于江底，于是，便写下了"半月沉江底，千峰入眼窝"的佳句。

夸奖菜的"质"。菜的质也就是菜肴的口感，其表现为脆、嫩、酥、软等，并且结合了色、香、味、形等因素，使口感产生复杂而多样的变化。杨静亭在赞美名菜"东坡肉"时就曾说"原来肉制贵微火，火到东坡腻若脂；象眼截痕看不见，啖时举箸烂方知。"这恰恰是一种肉质酥烂、肥而不腻的口感。

食物的故事

西施舌

"氽西施舌"是源于清代福建和浙江等地的名菜。其实"西施舌"就是原产于近海泥沙中的一种软体海蚌，由于它的形状很像人的舌头，并且肉质鲜美、细嫩，所以人们就形象地把它比喻为"西施舌"。这道菜让前唐时期的陆养和大加叹谓："碧海波摇冰作骨，琼筵夏赏滑流匙"，更让人们真正体会到"此是佳人玉雪肌"的楚楚韵致。

知识延伸

除此之外，一些文人墨客有时还会从原材料着眼，如赞美"金针银鱼"时，就有"银缕寸肌游嫩白，丹砂双眼漾鲜红"；有时又从侧重吃法着手，如赞美"北京烤肉"时，就有"火炙最宜生嗜嫩，雪天争得醉烧刀"等。

金针银鱼

诗歌与名菜是一种虚与实的强强联合，是一种高雅与平凡的结合体，更是中国饮食文化的一处亮丽风景线，为中国饮食文化填上浓墨重彩的一笔，使中国饮食文化在世界的饮食文化中魅力四射！